2024 에듀윌 산업안전기사 실기

KB083862

FINAL
실전 모의고사

실전 모의고사	시험지 형식의 모의고사 3회분 제공

| 모범답안 | QR코드를 찍어 간편하게 모범답안 확인
※ '에듀윌 도서몰 ▸ 도서자료실 ▸ 부가학습자료'를 통해 PC에서도 확인 가능 |

값 41,000원

13530

9 791136 031235

ISBN 979-11-360-3123-5

필답형 답안작성요령

1. 답안은 반드시 흑색 볼펜을 사용하여 작성해야 합니다. (기화펜, 지워지는 펜 사용 금지)
2. 답안 정정은 두 줄(=)로 그어 표시한 후, 이어서 작성합니다.
3. 답안 외 ○, ☆ 등 불필요한 낙서 및 특이사항 표시 시 0점으로 처리됩니다.
4. 계산문제는 계산과정과 답을 모두 정확히 기재하여야 하며, 최종 답에서 소수 셋째 자리에서 반올림하여 둘째 자리까지 나타냅니다. (별도로 요구하는 경우 제외)
5. 답에 단위가 없으면 오답으로 처리됩니다. (문제에 따라 정수로 표기하는 문제도 있음)
6. 문제에서 요구한 가지 수 이상을 작성한 경우 기재 순으로 채점하고, 가지 수를 요구하는 문제는 대부분 부분배점을 적용합니다.

필답형 예시답안

1. 화물의 하중을 직접 지지하는 달기 와이어로프 절단하중이 2,000[kg]일 때 최대 안전하중[kg]을 구하시오.

안전계수 = 절단하중/최대하중이고,

하중을 직접 지지하는 달기 와이어로프의 안전계수는 ~~4이므로~~ 5이므로

최대하중 = 절단하중/안전계수 = 2,000 ÷ 5 = 400[kg]

필답형 모의고사 1회

1. 「산업안전보건법령」상 안전인증대상 보호구 3가지를 쓰시오. (3점)

2. 안전보건관리규정을 작성할 때 포함되어야 할 사항 4가지를 쓰시오.(단, 그 밖에 안전 및 보건에 관한 사항은 제외한다.) (4점)

3. 어떤 기계를 1시간 가동하였을 때 고장발생확률이 0.004일 경우 다음 물음에 답하시오. (6점)

> ① 평균고장간격을 계산하시오.
> ② 10시간 가동하였을 때 기계의 신뢰도를 계산하시오.

4. 「산업안전보건법령」상 사업장 내 안전보건교육에 있어 근로자의 채용 및 작업내용 변경 시 교육내용 4가지를 쓰시오.(단, 「산업안전보건법령」 및 산업재해보상보험 제도에 관한 사항은 제외한다.) (4점)

5. 양립성의 종류 3가지를 쓰고, 예를 들어 설명하시오. (3점)

6. 미국방성 위험성 평가 중 위험도(MIL-STD-882B) 4단계를 쓰시오. (4점)

7. 다음 FT도의 미니멀 컷셋(Minimal Cut Set)을 구하시오. (4점)

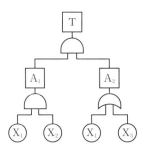

8. 보일링 현상을 방지하기 위한 대책 3가지를 쓰시오. (3점)

9. 「산업안전보건법령」상 안전보건표지 중 '응급구호표지'를 그리시오.(단, 색상 표시는 글로 나타내도록 하고, 크기에 대한 기준은 표시하지 않아도 된다.) (5점)

10. 「산업안전보건법령」상 유해·위험기계 등이 안전기준에 적합한지를 확인하기 위하여 안전인증기관이 심사하는 심사의 종류 4가지를 쓰시오. (4점)

11. 「산업안전보건기준에 관한 규칙」에서 규정하는 원동기, 회전축 등의 위험방지를 위한 기계적인 안전조치 3가지를 쓰시오. (3점)

12. 정전기로 인한 폭발과 화재의 방지를 위한 설비에 대한 조치사항 4가지를 쓰시오. (4점)

13. [보기]에서 산업재해조사표의 주요항목에 해당하지 않는 것 4가지를 고르시오. (4점)

┌─ 보기 ┐
① 재해자의 국적   ② 보호자의 성명   ③ 재해 발생일시

④ 고용형태   ⑤ 휴업예상일수   ⑥ 급여수준

⑦ 응급조치 내역   ⑧ 재해자의 직업   ⑨ 재해자 복직예정일

14. 부품배치의 원칙 4가지를 쓰시오. (4점)

필답형 모의고사 2회

모범답안

1. 유해·위험 방지를 위한 방호조치를 하지 아니하고는 양도, 대여, 설치, 진열해서는 안 되는 기계·기구 5가지를 쓰시오. (5점)

2. 비계를 조립·해체하거나 변경한 후 그 비계에서 작업을 하는 경우 작업시작 전 점검사항 4가지를 쓰시오. (4점)

3. 인간-기계 통합 시스템에서 시스템(System)이 갖는 기본기능 4가지를 쓰시오. (4점)

4. 「산업안전보건법령」에 따른 관리감독자 정기안전보건교육내용 5가지를 쓰시오. (5점)

5. 롤러기 급정지장치의 원주속도에 따른 안전거리에 대해 ( ) 안에 알맞은 내용을 쓰시오. (4점)

⑴ 30[m/min] 이상 – 앞면 롤러 원주의 (①) 이내
⑵ 30[m/min] 미만 – 앞면 롤러 원주의 (②) 이내

6. 다음 안전보건교육 대상자의 교육종류별 교육시간을 쓰시오. (4점)

① 안전보건관리책임자 신규교육
② 안전보건관리책임자 보수교육
③ 안전관리자 신규교육
④ 건설재해예방전문지도기관 종사자의 보수교육

7. A 회사의 전기제품은 10,000시간 동안 10개의 제품에 고장이 발생된다. 이 제품의 수명이 지수분포를 따른다고 할 경우 고장률과 900시간 동안 적어도 1개의 제품이 고장날 확률을 계산하시오.(단, 소수 셋째 자리까지 표기하시오.) (4점)

8. 다음과 같은 경우 도수율을 계산하시오. (4점)

⑴ 근로자 수: 500명
⑵ 연간 요양재해 건수: 3건
⑶ 1인당 연간 근로시간: 3,000시간

9. 잠함 또는 우물통의 내부에서 굴착작업을 하는 경우에 잠함 또는 우물통의 급격한 침하로 인한 위험을 방지하기 위하여 준수해야 할 사항 2가지를 쓰시오. (4점)

10. 가죽제 안전화의 성능시험 항목 4가지를 쓰시오. (4점)

11. 「산업안전보건법령」상 이동식 크레인을 사용하여 작업할 때 작업시작 전 점검사항 2가지를 쓰시오. (4점)

12. 철골작업을 중지하여야 하는 조건 3가지를 쓰시오. (3점)

13. 가설통로 설치 시 준수사항 3가지를 쓰시오. (3점)

14. 페일 세이프(Fail−safe)의 기능분류 3가지를 쓰고, 그 의미를 설명하시오. (3점)

모범답안

1. 공정안전보고서에 포함되어야 하는 사항 4가지를 쓰시오. (4점)

2. Fail-safe와 Fool-proof를 간단히 설명하시오. (4점)

3. 용접작업을 하는 작업자가 전압이 300[V]인 충전 부분에 물에 젖은 손이 접촉, 감전되어 사망하였다. 이 때 인체에 통전된 심실세동전류[mA]와 통전시간[ms]을 계산하시오.(단, 인체의 저항은 1,000[Ω]으로 한다.) (6점)

4. 조명은 근로자들의 작업환경의 측면에서 중요한 안전요소이다. 「산업안전보건기준에 관한 규칙」에서 규정하는 다음의 작업에서 근로자를 상시 취업시키는 장소의 조도기준을 쓰시오.(단, 갱내 작업장과 감광재료를 취급하는 작업장은 제외한다.) (4점)

① 초정밀작업: (　　　)[lux] 이상	② 정밀작업: (　　　)[lux] 이상
③ 보통작업: (　　　)[lux] 이상	④ 그 밖의 작업: (　　　)[lux] 이상

5. 다음은 화물의 낙하로 인하여 지게차 운전자에게 위험을 미칠 우려가 있는 작업장에서 사용되는 지게차의 헤드가드가 갖추어야 할 사항이다. (   ) 안에 알맞은 내용을 쓰시오. (4점)

> (1) 강도는 지게차의 최대하중의 (①   )배 값(4톤을 넘는 값에 대해서는 4톤)의 등분포정하중에 견딜 수 있을 것
> (2) 상부틀의 각 개구의 폭 또는 길이가 (②   )[cm] 미만일 것

6. 중량물 취급에 따른 작업계획서 작성 시 포함사항 3가지를 쓰시오. (3점)

7. 다음은 연삭숫돌에 관한 내용이다. (   ) 안에 알맞은 내용을 쓰시오. (4점)

사업주는 연삭숫돌을 사용하는 작업의 경우 작업을 시작하기 전에는 (①   ) 이상, 연삭숫돌을 교체한 후에는 (②   ) 이상 시험운전을 하고 해당 기계에 이상이 있는지를 확인하여야 한다.

8. 정전기 예방대책 3가지를 쓰시오. (3점)

9. A사업장의 도수율이 120이고 지난 한 해 동안 12건의 요양재해로 인하여 15명의 재해자가 발생하였고 총 휴업일수는 146일이었다. 이 사업장의 강도율을 계산하시오.(단, 근로자는 1일 10시간씩 연간 250일을 근무했고, 총 근로시간은 100만 시간이다.) (4점)

10. 인체계측자료를 장비나 설비의 설계에 응용하는 경우에 활용되는 3가지 원칙을 쓰시오. (3점)

11. 산업안전보건위원회의 구성에서 근로자위원의 자격 3가지를 쓰시오. (3점)

12. 하인리히의 재해예방 4원칙을 쓰시오. (4점)

13. 「산업안전보건법령」상 양중기의 종류 5가지를 쓰시오. (5점)

14. 파블로프 조건반사설의 4가지 원리를 쓰시오. (4점)

작업형 답안작성요령

1. 답안은 반드시 흑색 볼펜을 사용하여 작성해야 합니다. (기화펜, 지워지는 펜 사용 금지)
2. 답안 정정은 두 줄(=)로 그어 표시한 후, 이어서 작성합니다.
3. 답안 외 ○, ☆ 등 불필요한 낙서 및 특이사항 표시 시 0점으로 처리됩니다.
4. 답에 단위가 없으면 오답으로 처리됩니다. (문제에 따라 정수로 표기하는 문제도 있음)
5. 문제에서 요구한 가지 수 이상을 작성한 경우 기재 순으로 채점하고, 가지 수를 요구하는 문제는 대부분 부분배점을 적용합니다.

※ 실제 시험에는 작업 영상이 주어집니다. FINAL 실전 모의고사에서는 작업 영상을 대신하여 **[동영상 설명]**을 읽고, 문제에 대한 답을 작성합니다.

작업형 예시답안

1. 화면을 보고 지게차 재해의 발생요인 3가지를 쓰시오.

> **[동영상 설명]**
> 납품시간이 촉박한 지게차 운전자가 급히 물건을 적재(화물을 높게 적재하여 시계 불충분)하여 운반하던 중 통로의 작업자와 충돌한다. 화물은 로프 등으로 결박되지 않았다.

- 물건의 적재불량으로 인한 운전자의 시야 불충분
- 지게차의 ~~운행상~~ 운행 경로상 근로자 출입 미통제
- 작업지휘자(유도자) 미배치
- 물건의 불안전한 적재

1. 화면을 보고 재해발생원인 2가지를 쓰시오. (4점)

[동영상 설명]
안전대를 착용하지 않은 작업자가 교량 하부 점검 작업 중에 추락한다. 교량에는 추락방지 시설물이나 작업발판이 설치되어 있지 않다.

2. 지게차를 사용하는 작업 시 작업계획서에 포함해야 하는 내용 2가지를 쓰시오. (4점)

3. 화면을 보고 재해위험요인 3가지를 쓰시오. (6점)

[동영상 설명]

승강기 피트 내부에서 안전핀을 망치로 제거하던 중 작업자가 추락하였다. 작업발판은 나무로 되어 있고 승강기 피트 입구에 안전난간이 있지만 작업반경 주위에는 없다.

---

4. 화면을 보고 작업자가 착용하여야 하는 호흡용 보호구 2가지를 쓰시오. (4점)

[동영상 설명]

작업지휘자가 정화조 입구 밖에 서있고, 또 다른 작업자가 작업장으로 들어간다. 보호구를 착용하지 않은 작업자가 쓰러진다.

5. 화면에 나타나는 기계의 「산업안전보건법령」상 작업시작 전 점검사항 3가지를 쓰시오. (6점)

[동영상 설명]
정지된 컨베이어를 작업자가 점검하고 있다. 작업자가 점검 중일 때 다른 작업자가 전원 스위치의 전원버튼을 눌러 점검 중이던 작업자가 벨트에 손이 끼이는 재해를 당한다.

6. 화면을 보고 재해위험요인 3가지를 쓰시오. (6점)

[동영상 설명]
마그네틱 크레인(천장크레인, 호이스트)으로 보조로프 없이 금형을 인양하고 있다. 작업자가 상하좌우 조종장치를 누르면서 이동하다가 갑자기 쓰러지면서 오른손이 마그네틱 ON/OFF 봉을 건드린다. 인양하던 금형이 발등으로 떨어지며 재해가 발생한다. 크레인에는 훅 해지장치가 없다.

7. 화면에 나타나는 재해의 위험점과 그 정의를 쓰시오. (5점)

[동영상 설명]
작업자가 회전물에 샌드페이퍼를 감고 손으로 지지하여 작업을 하다 장갑을 낀 손이 회전부에 말려 들어가는 재해가 발생한다.

8. 드릴 작업 시 안전작업수칙 2가지를 쓰시오. (4점)

9. 화면에 나타나는 장소에서 인체에 대전된 정전기에 의한 화재 또는 폭발 위험이 있는 경우 조치사항 3가지를 쓰시오. (6점)

> **[동영상 설명]**
> 인화성 물질 저장창고에 인화성 물질을 저장한 드럼이 여러 개 있고 한 작업자가 인화성 물질이 든 운반용 캔을 운반하는 모습이 보인다.

작업형 모의고사 2회

모범답안

1. 화면에 나타나는 재해의 위험점과 그 정의를 쓰시오. (4점)

[동영상 설명]
작업자가 승강기 모터 벨트 부분에 묻은 기름과 먼지를 걸레로 청소 중 벨트와 덮개 사이에 손이 끼인다.

2. 건설용 리프트의 방호장치 3가지를 쓰시오. (6점)

3. 「산업안전보건법령」상 추락방호망의 설치기준으로 알맞은 것을 쓰시오. (5점)

> (1) 추락방호망의 설치 위치는 가능하면 작업면으로부터 가까운 지점에 설치하여야 하며, 작업면으로부터 망의 설치지점까지의 수직거리는 (①   )[m]를 초과하지 아니할 것
>
> (2) 추락방호망은 (②   )으로 설치하고, 망의 처짐은 짧은 변 길이의 (③   )[%] 이상이 되도록 할 것

4. 화면에 나타난 재해발생형태와 재해발생원인 2가지를 쓰시오. (6점)

[동영상 설명]
전동 권선기에 동선을 감는 작업 중 기계가 정지한다. 면장갑을 착용한 작업자가 기계를 열고 점검하던 중 갑자기 깜짝 놀라며 쓰러진다.

5. 화면에 나타나는 불안전한 행동을 자세히 쓰고, 재해발생형태를 쓰시오. (4점)

[동영상 설명]
작업자가 시동이 걸린 지게차에 주유를 하고 있다. 주유 중 다른 작업자와 흡연을 하며 이야기를 나누다가 폭발이 발생한다.

6. 화면에서 보여주는 배관 작업 시 핵심위험요인 2가지를 쓰시오. (4점)

[동영상 설명]
작업자가 증기 스팀배관의 보수를 위해 플라이어로 누출부위를 점검하고 있다. 배관을 감싸고 있는 단열재를 건드린 순간 스팀이 빠져나오며 물이 떨어져 작업자가 얼굴을 찡그린다. 작업자는 안전모를 착용하고 있으며 장갑, 보안경은 착용하지 않았다.

7. 화면을 보고 재해발생요인 2가지를 쓰시오. (4점)

[동영상 설명]
작업자가 변압기의 2차 전압을 측정하기 위해 변전실 밖의 작업자에게 전원을 투입하라는 신호를 보낸다. 측정 완료 후 다시 전원 차단 신호를 보내고 측정기기를 철거하다 감전사고가 발생한다. 변전실 안의 작업자는 보호구를 착용하지 않았다.

8. 화면을 보고 밀폐공간 작업 시 안전작업수칙 3가지를 쓰시오. (6점)

[동영상 설명]

탱크 내부의 밀폐된 공간에서 작업자가 그라인더 작업을 하고 있고, 다른 작업자가 외부에 설치된 국소배기장치를 발로 차 전원공급이 차단되어 내부 작업자가 의식을 잃고 쓰러진다.

9. 프레스를 사용하여 작업을 할 때 작업시작 전 점검사항 3가지를 쓰시오. (6점)

모범답안

1. 화면을 보고 작업자가 착용해야 할 보호구 4가지를 쓰시오. (4점)

[동영상 설명]
작업자가 화학약품을 사용하여 자동차 부품(브레이크 라이닝)을 세척하는 작업과정을 보여준다. 세정제가 바닥에 흩어져 있으며, 고무장화 등을 착용하지 않고 작업을 하고 있다.

2. 휴대용 연삭기의 방호장치와 숫돌의 노출 각도를 쓰시오. (3점)

3. 화면을 보고 작업 시 위험요인 2가지를 쓰시오. (4점)

[동영상 설명]
작업자가 이동식 비계 위 목재로 된 작업발판에서 작업하고 있다. 안전난간이 없으며 비계가 흔들리는 모습이 보인다.

4. 화면을 보고 재해예방대책 3가지를 쓰시오. (6점)

[동영상 설명]
작업자들이 경사지붕 설치 작업 중 휴식을 취하고 있다. 이때 작업자를 향해 적치되어 있던 자재가 굴러와 작업자가 맞으면서 추락한다. 건물 하부에서 휴식 중인 작업자가 떨어지는 자재에 맞는다.

5. 화면을 보고 작업자의 불안전한 행동 3가지를 쓰시오. (6점)

[동영상 설명]
보호구를 착용하지 않은 작업자가 둥근톱을 이용하여 대리석을 자르는 작업을 하고 있다. 작업 중 좌측 둥근톱이 정지되자 면장갑을 낀 손으로 대리석 위 가루를 털고 톱날을 만져본다. 반대편 둥근톱은 여전히 작동 중이다.

6. 화면과 같은 작업 시 안전작업수칙 2가지를 쓰시오. (4점)

[동영상 설명]

항타기 · 항발기 장비로 땅을 파고 콘크리트 전주 세우기 작업 도중에 항타기에 고정된 전주가 조금 불안전한 듯 싶더니 조금씩 돌아가서 항타기로 전주를 조금 움직이는 순간 인접한 고압활선전로에 접촉되어서 스파크가 일어난다.

7. 화면에 나타나는 양중기를 사용하여 작업 시 「산업안전보건법령」에 따른 작업시작 전 점검사항 3가지를 쓰시오. (6점)

[동영상 설명]

이동식 크레인 붐대 와이어로프로 화물을 매달아 올리는 작업을 보여주고 있다. 와이어로프와 훅, 신호수, 지반의 상태 등 전체적인 작업 장면을 보여준다.

8. 화면을 보고 재해원인 3가지를 쓰시오. (6점)

> **[동영상 설명]**
> 아파트 건설 공사장에서 두 명의 작업자가 각각 창틀, 처마 위에서 작업 중인 모습을 보여준다. 창틀의 작업자가 다른 작업자에게 작업발판을 넘겨주고 옆 처마로 이동하던 중 추락하였다. 현장에는 추락방호망, 안전대, 안전난간 등이 없다.

9. 화면을 보고 사고방지대책 3가지를 쓰시오. (6점)

> **[동영상 설명]**
> 시내버스를 정비하기 위하여 차량용 리프트로 차량을 들어 올린 상태에서 한 작업자가 버스 밑에 들어가 샤프트(Shaft) 계통을 점검하고 있다. 그런데 다른 한 사람이 주변상황을 전혀 살피지 않고 버스에 올라 엔진을 시동하였다. 그 순간 밑에 있던 작업자의 소매가 버스의 회전하는 샤프트에 말려들며 재해가 발생한다.

2024 에듀윌 산업안전기사 실기

FINAL
실전 모의고사

고객의 꿈, 직원의 꿈, 지역사회의 꿈을 실현한다

펴낸곳 (주)에듀윌 **펴낸이** 양형남 **출판총괄** 오용철

주소 서울시 구로구 디지털로34길 55 코오롱싸이언스밸리 2차 3층

대표번호 1600-6700 **등록번호** 제25100-2002-000052호

협의 없는 무단 복제는 법으로 금지되어 있습니다.

에듀윌 도서몰 book.eduwill.net
- 부기학습자료 및 정오표: 에듀윌 도서몰 → 도서자료실
- 교재 문의: 에듀윌 도서몰 → 문의하기 → 교재(내용, 출간) / 주문 및 배송

객관식으로 끝내는
초단기
영어회화 완성 코스

네이티브 영어회화 1000제

영어회화 암기장

김재헌 지음

길벗
이지:톡

PART 1

네이티브가 매일 한 번은 말하는
영어회화 기초표현 500

네이티브가
매일 한 번은 말하는

영어회화 기초표현
500

기분이 좋을 때, 슬프거나 눈물이 핑 돌 때, 서운할 때, 짜증날 때, 화날 때, 민망할 때 등 여러분이 일상에서 매일 느끼는 다양한 감정과 기분을 나타내는 영어회화 표현을 익혀보세요.

❶ It's awesome!

끝내주는데!

언제? 기막히게 좋거나 굉장한 것을 봤을 때
아하~ awesome (감탄하며) 끝내주는, 최고의

A Why don't you try this mobile game? **It's awesome!**
이 모바일 게임 해볼래? 끝내줘!

B Oh, yeah? Let me try.
오, 그래? 나도 해볼게.

❷ I'm overjoyed!

너무 기뻐!

언제? 날아갈 듯 기쁠 때
아하~ overjoyed 매우 기쁜

A I heard your news. **I'm overjoyed!**
네 소식 들었어. 너무 기뻐!

B Thank you. I couldn't have done it without you.
고마워. 네가 없었으면 못했을 거야.

❸ I feel good about myself.

기분이 뿌듯해.

언제? 스스로를 칭찬하고 싶을 때
잠깐! 스스로가 뿌듯해서 남에게 자랑하고 싶은 뉘앙스

A I passed the exam! **I feel good about myself.**
나 시험에 통과했어! 뿌듯해.

B Good for you!
잘됐어!

❹ He's in high spirits.

걔 기분이 아주 좋아.

언제? 계속 웃고 있는 사람을 보고
아하~ be in high spirits 기분이 매우 좋다, 기세가 등등하다

A Let's ask Dad for some pocket money. **He's in high spirits.**
아빠한테 용돈 달라고 하자. 기분이 아주 좋으셔.

B Really? Ah, ha! He got his Christmas bonus.
정말? 아하! 크리스마스 보너스를 받으셨구나.

*pocket money 용돈

❺ I feel like humming.

콧노래가 절로 나와.

언제? 기쁜 소식에 콧노래를 흥얼거리게 될 때
아하~ hum 콧노래를 부르다
직역 콧노래를 부르고 싶은 기분이다.

A I feel so happy. **I feel like humming.**
난 너무 행복해. 콧노래가 절로 나와.

B Shh! We are in a movie theater.
쉿! 우리 영화관 안이야.

❻ He's grinning from ear to ear.

걔 입이 귀에 걸렸어.

언제? 기분이 너무 좋아 싱글벙글할 때
아하~ grin (방긋) 웃다
직역 그는 귀에서 귀까지 웃고 있다.

A Anne must have accepted John's marriage proposal. **He's grinning from ear to ear.**
앤이 존의 결혼 프러포즈를 받아들였나봐. 걔 입이 귀에 걸렸어.

B Really! Let's go and congratulate them.
정말! 가서 축하해주자.

*must have p.p. ~한 게 틀림없어

❼ I got all choked up.

목이 멨어.

언제? 슬픔이 북받쳤을 때
아하~ choke up (감정에 겨워 목이) 메다
잠깐! all은 '완전히'라는 의미로 강조하는 역할

A Did you enjoy the movie?
영화 잘 봤니?

B The ending scene was so sad. **I got all choked up.**
마지막 장면이 너무 슬펐어. 목이 멨어.

❽ What a pity!

불쌍해라!

언제? 딱한 상황에 처한 사람을 보고
아하~ pity 연민, 동정심

A That man had his hard-earned money stolen.
저 사람이 열심히 모은 돈을 도난당했대.

B **What a pity!** Is there anything we can do?
딱해라! 우리가 해줄 수 있는 일이 뭐 없을까?

*hard-earned 열심히 번

❾ It breaks my heart.

마음이 너무 아파.

언제? 슬픈 소식에 가슴이 미어질 때
아하~ break (마음을) 아프게 하다

A I decided to put my dog to sleep. **It breaks my heart.**
우리 개를 안락사시키기로 했어. 마음이 너무 아파.

B Oh, dear. Isn't there anything else you can do?
아, 저런. 다른 방법은 없는 거야?

*put one's dog to sleep 개를 안락사시키다

❿ I cried my eyes out.

펑펑 울었어.

언제? 너무 슬퍼서 눈물을 콸콸 쏟았을 때
아하~ cry one's eyes out (눈이 빠질 것처럼) 펑펑 울다

A I missed the documentary. What happened to the penguins?
다큐멘터리를 못 봤어. 펭귄들은 어떻게 됐어?

B It was terrible. **I cried my eyes out.**
너무 끔찍했어. 펑펑 울었어.

❶ You look down.
기분이 안 좋아 보이네.

언제? 어깨가 축 처진 사람에게
이하~ down 몸이 축 처져 있는, (기분이) 우울한

A **You look down.** Is it your school grades?
기분이 안 좋아 보이네. 학교 성적 때문에 그래?

B Yes, I got two Fs this time.
응, 이번엔 F가 두 개야.

❷ I feel blue.
기분이 우울해.

언제? 근심이 있거나 답답할 때
잠깐! 우울한 감정을 파란색(blue)으로 묘사

A Helen? Why are you calling me at this hour?
헬렌이니? 이 시간에 어쩐 일로 전화야?

B Can we talk? **I feel blue.**
얘기 좀 할 수 있을까? 기분이 우울해.

❸ He's feeling under the weather today.
개는 오늘 몸이 좀 안 좋아.

언제? 컨디션이 안 좋을 때
잠깐! weather를 '구름'으로 해석. 구름 밑에 있으니 몸이 찌뿌둥하고 안 좋다는 뜻

A Is Mark home? I'd like to talk to him.
마크 집에 있나요? 통화하고 싶은데요.

B Sorry, he can't. **He's feeling under the weather today.**
미안, 안 될 것 같아. 개는 오늘 몸이 좀 안 좋아.

❹ What's eating you?
무슨 일 있어?

언제? 안색이 계속 어두운 사람에게
잠깐! 네 영혼을 갉아먹는(eating) 것이 무엇이냐는 뉘앙스

A You are quiet nowadays. **What's eating you?**
요즘 너 말수가 없다. 무슨 일 있어?

B My rent is overdue. I have to move out if I can't pay up.
월세가 밀렸어. 못 내면 나가야 해.

* overdue (지불·반납 등의) 기한이 지난

❺ Why the long face?
왜 그렇게 시무룩해?

언제? 입 꼬리가 처져 있는 사람에게
이하~ long face 시무룩한 얼굴

A **Why the long face?** Do you want to talk?
왜 그렇게 시무룩해? 이야기해 볼래?

B My friend is getting married, but I don't even have a girlfriend.
내 친구가 결혼해. 근데 난 여자친구도 없잖아.

❻ I'm not in the mood.
내키지가 않아.

언제? 별로 하고 싶지 않을 때
이하~ not in the mood ~할 기분이 아닌

A How about going ice skating in Central Park?
센트럴 파크에 아이스스케이트 타러 갈래?

B Sorry. **I'm not in the mood.** I want to be alone.
미안. 내키지가 않네. 혼자 있고 싶어.

* How about -ing? ~하는 게 어때?

❼ I feel uneasy.
마음이 편치 않아.

언제? 가시방석에 앉은 기분일 때
이하~ uneasy (양심의 가책이나 걱정 등으로) 불안한, 불편한

A **I feel uneasy.** I'm betraying William.
마음이 편치 않아. 윌리엄을 배신하는 거잖아.

B No, it's okay. It's William who betrayed you first.
아니야, 괜찮다니까. 먼저 널 배신한 건 윌리엄이야.

* betray 배신하다

❽ It hurts my ego.
자존심 상해.

언제? 자존심을 건드리는 일이 있을 때
이하~ hurt 상처 입히다, 아프게 하다 | ego 자아, 자존심

A Ask John for help. He'll lend you some money.
존에게 도움을 청해봐. 그는 돈을 빌려줄 거야.

B I can't. He used to work for me. **It hurts my ego.**
못하겠어. 그는 내 밑에서 일했잖아. 자존심 상해.

* used to do 예전에 ~했다

❾ I'm not cross.
화난 거 아니야.

언제? 삐친 것을 인정하기 싫을 때
이하~ cross 기분 상한, 약간 화가 난 (마음이 엇갈리면(cross) 삐침이 됨)

A I don't think you should go and see Robert tonight.
너 오늘밤 로버트를 만나러 가지 않는 게 좋겠어.

B Don't worry. **I'm not cross** with Robert.
걱정 마. 로버트에게 화난 거 아니야.

❿ You are pulling my leg!
지금 나 놀리는 거지?

언제? 얼토당토않은 얘기로 나를 놀리는 것 같을 때
잠깐! 지나가는 사람의 다리를 잡아당겨 넘어뜨리던 행위에서 유래

A Congratulations! You won the lottery!
축하해! 너 복권 당첨됐어!

B What? No way! **You are pulling my leg!**
뭐라고? 그럴 리가! 지금 나 놀리는 거지?

* win the lottery 복권에 당첨되다

❶ It's a bitter-sweet feeling.

시원섭섭하네.

언제? 힘들던 일이 막상 끝나니 아쉬울 때
아하~ bitter-sweet 시원섭섭한 (씁쓸하면서 달콤한 것으로 표현)

A Today is my last day as an intern. **It's a bitter-sweet feeling.**
오늘이 인턴 마지막 날이야. **시원섭섭하네.**
B Already? I still have a week to go.
벌써? 나는 아직 일주일 남았어.

❷ What a shame!

아쉽다!

언제? 안타까운 소식을 들었을 때
아하~ a shame 아쉬운 일, 애석한 일

A Oh, man! I didn't get the scholarship.
이럴 수가! 장학금을 못 탔어.
B **What a shame!** I'm sure you will get it next time.
아쉽다! 다음에는 꼭 받을 수 있을 거야.

❸ It's such a waste.

정말 아깝다.

언제? 멀쩡한 물건을 버릴 때
잠깐! 사용할 수 있는데 쓰레기로 낭비(waste)된다는 뉘앙스

A Let's take the leftovers home. **It's such a waste** otherwise.
남은 음식을 집에 가져가자. 안 그러면 **너무 아깝잖아.**
B No, it's cumbersome. And it will smell, too.
싫어. 번거롭잖아. 그리고 냄새도 날 거야.
＊cumbersome 성가신, 귀찮은

❹ It was so close!

아까워라!

언제? 아슬아슬하게 해내지 못했을 때
잠깐! 나쁜 일을 아슬아슬하게 피했을 때도 사용한다.

A Oh! **It was so close!** It was almost a strike.
아이고! **아까워라!** 거의 스트라이크였는데.
B Hmm... Maybe I'm releasing the bowling ball too late.
음… 볼링공을 너무 늦게 놔서 그런가 봐.

❺ Just my luck.

재수도 되게 없네.

언제? 하는 일마다 꼬일 때
잠깐! 자신의 운(luck)이 이것밖에 안 되냐는 한탄으로, just는 강조의 용도

A **Just my luck.** I just had my hair done. Do you have an umbrella?
재수도 되게 없네. 머리 새로 했는데. 우산 있니?
B Sure. Do you want to share?
물론이지. 같이 쓸까?

❻ I felt so embarrassed.

정말 쪽팔렸어.

언제? 얼굴이 화끈거리는 상황을 겪었을 때
아하~ embarrassed 창피한, 당황한

A I heard you proposed to Victor inside a theater?
너 극장 안에서 빅터에게 청혼했다며?
B He ran off while I was reading my letter to him. **I felt so embarrassed.**
내가 편지를 읽어주는 동안 걔가 도망갔어. **정말 쪽팔렸어.**
＊run off 달아나다

❼ I've lost face.

체면 다 구겼네.

언제? 남들 앞에서 체면이 말이 아닐 때
아하~ lose face 체면을 잃다

A What's the matter?
무슨 일 있어?
B Three of the new recruits have quit our company this month. **I've lost face** with our boss!
신입사원 세 명이 회사를 이번 달에 관뒀어. 사장님한테 **내 체면 다 구겼네.**
＊new recruit 신입사원

❽ I am dumbfounded.

어이없네.

언제? 너무 황당해서 말문이 막힐 때
아하~ dumbfounded (놀라거나 황당해서) 말이 안 나오는, 어이없는

A **I am dumbfounded.** A woman slapped me just now.
어이없네. 방금 어떤 여자가 내 따귀를 때렸어.
B Maybe she mistook you for her boyfriend.
너를 자기 남자친구로 착각했나 보지.
＊slap (손바닥으로) 철썩 때리다 | mistake A for B A를 B로 착각하다

❾ This is awkward.

뻘쭘하네.

언제? 어색하고 쭈뼛거리는 상황일 때
아하~ awkward 뻘쭘한, 거북하고 어색한
잠깐! aw-는 [ɔ:] 발음으로 입 모양은 [어]로 한 채 [오] 소리를 내면 된다.

A Oh, you brought me a present! You shouldn't have!
어머, 나한테 선물 주려고? 뭘 이런 것까지!
B **This is awkward.** It's actually for your sister.
뻘쭘하네. 실은 네 언니한테 줄 거야.

❿ This is puzzling.

아리송하네.

언제? 이것도 저것도 아닌 듯 헷갈릴 때
아하~ puzzling (마치 퍼즐처럼) 헷갈리게 하는

A **This is puzzling.** Why is Kate ignoring me?
아리송하네. 케이트가 왜 나를 무시하는 거지?
B Hmm. Maybe Kate's playing hard to get?
흠. 혹시 케이트가 밀당하는 거 아닐까?
＊play hard to get (즉각 받아들이지 않고) 비싸게 굴다

❶ They give me the creeps.

소름 끼쳐.

언제? 징그러운 거미가 어깨에 내려앉은 기분일 때
아하~ the creeps 섬뜩한/오싹한 느낌

A I just killed a cockroach under my foot.
방금 바퀴벌레를 밟아 죽였어.

B Yuck! I hate cockroaches. **They give me the creeps.**
웩! 바퀴벌레 너무 싫어. **소름 끼쳐.**

*under one's foot (한 쪽) 발 밑에

❷ I was scared to death.

무서워서 죽을 뻔했어.

언제? 극도의 무서움을 표현할 때
아하~ scared to death 죽을 만큼 무서운

A How was your bungee jump?
번지점프 어땠어?

B I'm never doing that again. **I was scared to death.**
다시는 하나 봐라. **무서워서 죽을 뻔했어.**

❸ I almost passed out.

기절할 뻔했어.

언제? 기절할 것 같은 충격·공포를 경험했을 때
아하~ pass out 의식을 잃다, 기절하다
잠깐! 〈I almost + 과거동사〉는 '~할 뻔했다'는 의미로 자주 쓰는 패턴이다.

A Sorry. Did my Halloween costume frighten you?
미안. 내 할로윈 복장 때문에 무서웠니?

B Yes, it certainly did. **I almost passed out.**
물론이지. 기절할 뻔했어.

❹ I broke out in a cold sweat.

식은땀이 났어.

언제? 무섭고 긴장되어 땀이 날 때
아하~ break out in (갑자기) ~이 잔뜩 나다, 생기다
　　　 cold sweat 식은땀

A How is my manuscript? Is it scary enough?
내 원고 어때? 충분히 무서워?

B Look at me. **I broke out in a cold sweat.**
나 좀 봐. **식은땀이 났잖아.**

❺ I have a phobia.

난 공포증이 있어.

언제? 고소공포증·폐쇄공포증 등 병으로 분류되는 공포심이 있을 때
아하~ phobia 공포증
잠깐! acrophobia 고소공포증 | claustrophobia 폐쇄공포증

A Let me tell you my secret. I am afraid of heights.
내 비밀을 알려줄까? 난 고소공포증이 있어.

B Well, **I have a phobia,** too. I'm afraid of clowns.
음. **나도 공포증이 있어.** 난 어릿광대가 무서워.

❻ I've gone blank.

머릿속이 하얘.

언제? 긴장해서 아무 생각도 안 날 때
아하~ go blank (머릿속이) 하얘지다 → (마음·생각 등이) 텅 비다

A Huh? Why did you stop?
뭐야? 왜 멈췄어?

B Sorry. **I've gone blank.** I didn't get much sleep last night.
미안해. **머릿속이 하얘.** 어젯밤에 잠을 많이 못 잤거든.

❼ I have butterflies in my stomach.

너무 긴장돼.

언제? 극도의 긴장감으로 심장이 쿵쿵 뛸 때
아하~ stomach 위장, 배
잠깐! 긴장돼서 심장이 세게 뛰는 것을 뱃속에 나비가 있다고 표현

A Are you ready for your speech?
연설 준비는 됐어?

B Oh, no. I don't think I can do it. **I have butterflies in my stomach.**
아니. 못할 것 같아. **너무 긴장 돼.**

❽ The suspense is killing me.

조마조마해 죽겠어.

언제? 안 되면 어쩌나 하면서 손에서 땀이 날 때
아하~ suspense (조마조마한) 스릴감, 긴장감

A Oh, my. I'm so nervous. I hope you win.
으. 무지 긴장된다. 네가 우승길 바랄게.

B Thank you. Oh, dear! **The suspense is killing me.**
고마워. 아! 조마조마해 죽겠어.

❾ I'm so relieved.

너무 다행이야.

언제? 걱정이 해결돼 홀가분할 때
아하~ relieved 안도하는, 다행으로 여기는

A **I'm so relieved** that you weren't sued.
네가 고소당하지 않아서 **너무 다행이야.**

B Me too. I consider myself lucky.
나도. 운이 좋다고 생각해.

*sue 고소하다

❿ Good riddance.

속이 다 시원하네.

언제? 속 썩이던 일이 드디어 해결됐을 때
아하~ riddance 벗어남, 제거 (동사 rid(없애다)와 연결 지어 생각)
잠깐! That's a load off my mind. 한시름 덜었네.

A I have good news. Mannings has been arrested.
좋은 소식이 있어. 매닝스가 체포됐어.

B You mean that swindler was caught? **Good riddance!**
그 사기꾼이 잡혔단 말이야? **속이 다 시원하네!**

*swindler 사기꾼, 협잡꾼

Study005.mp3

❶ No way!

그럴 리가!

언제? 믿기 어려운 말을 들었을 때
잠깐! 어느 방면(way)으로 보나 절대 그럴 리 없다는 표현

A Wow! It turns out that I have an IQ of 180.
우와! 알고 보니 내 IQ가 180이야.

B **No way!**
그럴 리가!

＊It turns out that S + V ～인 것으로 드러나다/나타나다

❷ I don't believe this.

말도 안 돼.

언제? 믿기지 않는 일이 벌어졌을 때
잠깐! 믿을(believe) 수 없을 만큼 말이 안 된다는 의미

A **I don't believe this.** You're saying your dog ate your essay?
말도 안 돼. 너희 집 개가 네 에세이를 먹어버렸다고?

B Yes, Mr. Thomas.
네, 토마스 선생님.

❸ Are you serious?

정말이야?

언제? 농담인지 아닌지 확인할 때
아하 serious (농담이 아니라) 진지한, 진심인
잠깐! I mean it. 진심이야.

A I've decided to travel the world in eight days.
8일 만에 세계일주를 하기로 결심했어.

B **Are you serious?**
정말이야?

❹ Who would have known?

누가 알았겠어?

언제? 아무도 알거나 예측하지 못했던 일일 때
잠깐! Who would have thought? 누가 생각이나 했겠어?

A I can't believe Jackson is the murderer. **Who would have known?**
잭슨이 살인범이라니 믿기지가 않네. **누가 알았겠어?**

B I know! Such a gentleman.
그러게 말이야! 얼마나 신사였는데.

❺ What the heck?

뭐야, 이거?

언제? 놀랍고 짜증나는 상황에 닥쳤을 때
아하 heck '젠장', '제기랄'같은 짜증 감탄사

A **What the heck?** I think something dropped on top of my head.
뭐야, 이거? 뭔가 내 머리 위로 떨어진 것 같은데.

B Oh! A bird flew overhead.
아! 새가 머리 위로 날아가던데.

＊overhead 머리 위로

❻ It took me completely by surprise.

그걸 듣고 정말 놀랐어.

언제? 전혀 예상치 못했던 소식을 듣고
아하 take me by surprise
(예상치 못했던 일이) 나를 깜짝 놀라게 하다

A Did you expect to get so many votes here?
여기서 이렇게 많은 표를 받을 거라고 예상했나요?

B No. **It took me completely by surprise.**
아니요. 그걸 듣고 정말 놀랐어요.

❼ I'm a little shaken.

좀 충격을 받았어.

언제? 뜻밖의 소식에 어안이 벙벙할 때
아하 shaken 충격을 받은 (그래서 흔들리는)

A Are you all right? Do you think you can continue studying?
괜찮아? 계속 공부할 수 있겠어?

B **I'm a little shaken.** May I go home early?
좀 충격을 받았어요. 조퇴해도 될까요?

❽ How can this be?

어떻게 이런 일이?

언제? 믿기 힘든 일이 벌어졌을 때
아하 How can ～? 가능성을 의심하는 표현

A Nobody sent me a reply. **How can this be?**
아무도 내게 답장을 안 보냈어. **어떻게 이런 일이?**

B Well, now you know how they really feel about you.
이제 다들 실제로 너를 어떻게 여기는지 알게 된 거지 뭐.

＊reply 답장

❾ I'm lost for words.

할 말을 잃었어.

언제? 기가 막혀 말이 안 나올 때
아하 be lost for words 할 말을 잃다

A She dumped you for your best friend?
걔가 너의 가장 친한 친구 때문에 너를 찼다고?

B Yes, that's right. **I'm lost for words.**
응, 맞아. **할 말을 잃었어.**

＊dump (사귀던 사람을) 차다

❿ This can't be happening!

이럴 수는 없어!

언제? 믿기지 않는 끔찍한 일이 벌어졌을 때
아하 can't be ～일리가 없다
잠깐! 꿈이면 좋겠다는 뉘앙스

A You have been cut out of the will.
유산 상속을 못 받게 되셨습니다.

B What! **This can't be happening!** I've been so good to my aunt!
뭐라고요! **이럴 수는 없어요!** 내가 이모한테 얼마나 잘 해드렸는데!

＊cut out of ～에서 제외되다 | will 유언장

10

❶ I'm bored to death.
지루해 죽겠다.

언제? 너무 지루해서 하품이 나오고 몸이 비비 꼬일 때
야하~ bored to death 죽을 만큼 지겨운

A **I'm bored to death.** Should we go for a drive?
지루해 죽겠다. 드라이브나 갈까?

B That sounds like a great idea.
그거 좋은 생각인데.

＊go for a drive 드라이브 가다

❷ I'm sick and tired of it.
지긋지긋해.

언제? 너무 지겨워서 토할 것 같을 때
야하~ sick and tired of 아프고 피곤해질 정도로 지긋지긋한

A I can't eat mugwort and garlic anymore. **I'm sick and tired of it.**
더 이상 쑥과 마늘을 못 먹겠어. 지긋지긋해.

B Patience, Tiger. Oh, I can't wait to become a human!
인내심을 가져, 호랑아. 아, 어서 인간이 되고 싶구나!

＊mugwort 쑥 | I can't wait to do 어서 ~하고 싶다

❸ Everything is such a hassle.
만사가 귀찮아.

언제? 심신이 지쳐서 모든 게 귀찮을 때
야하~ hassle 귀찮은 일/상황

A Why are you still at home? You have a job interview today!
왜 아직도 집에 있니? 오늘 취업면접 있잖아!

B I'm not going, Mom. **Everything is such a hassle.**
안 갈래요, 엄마. 만사가 귀찮아요.

❹ I'm having a bad hair day.
오늘 만사가 안 풀리네.

언제? 하루 종일 일이 계속 꼬일 때
잠깐! 일진이 안 좋은 것을 '머리 모양이 맘에 안 들게 된 것(bad hair)'에 비유

A Hey, why the long face?
아니, 왜 그렇게 시무룩해?

B Actually, **I'm having a bad hair day.**
실은, 오늘 만사가 안 풀리네.

❺ It's driving me up the wall.
왕짜증이야.

언제? 주어진 상황이 무척 짜증날 때
야하~ drive someone up the wall 누구를 아주 미치게/짜증나게 하다
잠깐! 벽(wall)이라도 기어오를 정도로 짜증이 났다는 표현

A Traffic at this hour is so bad.
이 시간대 교통체증은 너무 심해.

B Yeah. **It's driving me up the wall.**
그래. 왕짜증이야.

❻ It bugs me.
그게 신경이 쓰여.

언제? 해결 안 되고 나두면 계속 찝찝할 상황일 때
야하~ bug (몸에 벌레(bug)가 기어 다니듯이) 신경 쓰이게 하다

A You should get some sleep. It's past midnight.
잠 좀 자지 그래? 자정이 넘었잖아.

B Honey, didn't you find Norma a bit weird today? **It bugs me.**
자기야, 오늘 노마가 좀 이상하지 않았어? 그게 신경 쓰여.

＊weird 묘하게 이상한

❼ For crying out loud!
미치겠네!

언제? 참다 참다 드디어 화가 터졌을 때
잠깐! For Christ's sake!(제발!)라는 표현에서 종교적인 의미를 완화시킨 표현

A Who have you been with all this time?
지금까지 누구랑 있었던 거야?

B **For crying out loud!** Darling, I was with an important customer.
미치겠네! 자기야, 나 중요한 거래처 사람이랑 있었어.

❽ I can't take it anymore.
더 이상 못 참겠어.

언제? 참고 참았지만 더 이상 참기 어려울 때
야하~ take it 그것을 받아들이다/참다

A Hey, Tiger. What are you doing?
호랑아, 너 뭐 하는 거야?

B **I can't take it anymore.** Goodbye, Bear.
더 이상 못 참겠어. 잘 있어, 곰아.

❾ What now?
또 뭐야?

언제? 성가신 일이 자꾸 괴롭힐 때
잠깐! 이제는(now) 또 무슨 일이냐는 뉘앙스

A **What now?** I need to rest.
또 뭐야? 나 좀 쉬어야겠어.

B I need to ask you something, boss. Umm, could you give me a raise?
여쭤볼 게 있어서요, 사장님. 저기, 월급 좀 올려 주실래요?

＊give someone a raise ~에게 월급을 올려주다

❿ Will you knock it off?
그만 좀 해라!

언제? 계속되는 짜증스러운 행동에 폭발할 때
야하~ knock off 끝내다
잠깐! 질문 형태지만 명령의 의미

A **Will you knock it off?** You're distracting me.
그만 좀 해라! 너 때문에 집중을 못하겠어.

B Oops. Is it my gum-chewing or my leg-shaking?
어머. 껌 씹는 거 아니면 다리 떠는 거?

＊distract 집중이 안 되게 하다, 정신 산만하게 하다

❶ I'm so exasperated.

진짜 화난다.

언제? 화가 치밀어 오를 때
아하~ exasperated (특히 어떻게 할 수 없는 상황에 대해) 몹시 화가 난

A Somebody scratched my car again. Aargh! **I'm so exasperated.**
누가 또 내 차를 긁었어. 악! **진짜 화난다.**

B I know who did it.
누가 그랬는지 내가 알아.

❷ I lost my temper.

화를 못 참았어.

언제? 결국 화를 이기지 못했을 때
아하~ lose one's temper 화를 내다 (temper 성질)

A Oh, man. **I lost my temper** again.
젠장. 또 **화를 못 참았어.**

B I don't believe this. It was your job interview!
환장하겠네. 취업면접 때 그러면 어떡해!

❸ It makes my blood boil!

피가 거꾸로 솟는다!

언제? 불의를 보거나 억울한 일을 당했을 때
아하~ boil 끓이다
직역 그것은 내 피가 끓게(boil) 만든다.

A How can that man go free? **It makes my blood boil!**
어떻게 저 남자가 풀려날 수 있지? **피가 거꾸로 솟는다!**

B I know. He kidnapped a child!
맞아. 아이를 납치했는데 말이야!

*go free 풀려나다 | kidnap ~를 납치하다

❹ That burns me up.

열 받네.

언제? 짜증을 넘어 슬슬 화가 날 때
아하~ burn someone up ~를 열 받게 하다
잠깐! That 때문에 열 받는다는 의미

A This code is unbreakable. Man! **That burns me up.**
이 암호를 도저히 못 풀겠어. 우와! **열 받네.**

B Here, let me try.
어디 보자. 내가 해볼게.

❺ How dare you!

어떻게 감히 네가!

언제? 분수 넘치는 건방진 행동을 보고
아하~ dare (조동사처럼 쓰여) 감히 ~하다

A I want you to leave the organization. You have an hour.
조직을 떠나세요. 한 시간 드리겠습니다.

B **How dare you!** Is this how you pay me back?
어떻게 감히 네가! 이런 식으로 은혜를 갚는 거냐?

*I want you to do ~하세요

❻ How could you?

어떻게 이럴 수가 있어?

언제? 믿었던 사람에게 배신을 당했을 때
잠깐! 이 경우 can이 아니라 could를 쓴다는 점에 주의

A What! You are going to work for Ben? **How could you?**
뭐라고! 벤한테 가서 일하겠다고? **어떻게 이럴 수가 있어?**

B I'm sorry. I'll find you a replacement.
미안해요. 다른 사람 알아봐 드릴게요.

*replacement 대신할 사람

❼ She's driving me crazy.

걔 때문에 미치겠어.

언제? 누군가 때문에 몹시 짜증이나 화가 날 때
아하~ drive someone crazy ~를 짜증나 미치게 하다

A Why are you drinking so hard?
왜 이렇게 술을 많이 마시는 거야?

B It's my fiancé. **She's driving me crazy.**
내 약혼녀 때문이야. **걔 때문에 미치겠어.**

❽ He threw a tantrum.

쟤가 성질을 부렸어.

언제? 별거 아닌 일에 짜증을 낸 사람을 두고 말할 때
아하~ throw a tantrum 성질을 부리다, 짜증을 내다 (tantrum 성질, 짜증)

A Why is the meeting room such a mess?
회의실이 왜 이렇게 엉망이야?

B Oh, it's our boss. **He threw a tantrum.**
아, 우리 사장님 때문이야. **성질을 부리셨거든.**

❾ He's sulking.

쟤 삐쳤어.

언제? 불만스럽거나 못마땅해서 토라진 사람을 두고 말할 때
아하~ sulk 삐치다, 부루퉁하다

A Why is your brother holed up in his room?
네 동생은 왜 방에서 안 나오고 저러냐?

B **He's sulking.** Mom took away his phone.
쟤 삐쳤어요. 엄마한테 전화기 뺏겼거든요.

*hole up in ~에 몸을 숨기다

❿ Calm down!

진정해.

언제? 화가 난 사람을 진정시킬 때
아하~ calm 진정시키다

A Why did you throw your purse at that guy? **Calm down!**
왜 저 사람한테 핸드백을 던지고 그래? **진정해!**

B That man stole my smartphone!
저 사람이 내 스마트폰을 훔쳐갔다고!

❶ It's not fair.

불공평해요.

언제? 나한테 너무 불리할 때
아하~ fair 공평한
잠깐! It's unfair.도 같은 표현

A Mom, why can't I stay up late like you? **It's not fair.**
엄마, 저는 왜 엄마처럼 늦게까지 깨 있으면 안 돼요? **불공평해요.**

B Sorry, dear. You are too young.
미안하구나. 얘야. 넌 너무 어려서 그래.

❷ Stop lecturing me.

잔소리 좀 그만해요.

언제? 끝없는 잔소리가 지겨울 때
아하~ lecture (강의하듯) 잔소리하다, 설교하다

A You should be home by 8 p.m. Also...
저녁 8시까지는 집에 돌아와야 한다. 그리고 말이다…

B Oh, Mom! **Stop lecturing me.**
아이 참, 엄마! **잔소리 좀 그만해요.**

＊be home 집에 와 있다

❸ Not again!

또야!

언제? 못마땅한 상황이 또 닥쳤을 때
직역 또 (이러면) 안 된다고!

A Come on. Open the Christmas present from Grandma.
어서, 할머니가 준 크리스마스 선물을 열어봐.

B Let's see... **Not again!**
어디 보자… **또야!**

❹ There you go again.

또 그런다.

언제? 상대방이 못마땅한 행동을 반복할 때
잠깐! 여기에서 go는 '행위'를 지칭

A My friend's son got straight A's again.
내 친구 아들이 또 올 A를 받았구나.

B **There you go again.** Just leave me alone!
또 그러신다. 저 좀 그냥 내버려 두세요!

＊get straight A's 올 A를 받다

❺ Don't take it out on me.

나한테 화풀이하지 마.

언제? 부당하게 나를 분풀이 상대로 삼았을 때
아하~ take it out on ~에게 화풀이를 하다

A What are you doing? **Don't take it out on me.**
지금 뭐하는 거야? **나한테 화풀이하지 마.**

B I'm sorry. I've been under a lot of stress lately.
미안해. 요즘 내가 스트레스를 많이 받고 있어.

＊lately 최근에, 요즘

❻ You stay out of this!

넌 빠져!

언제? 낄 자리가 아니라며 경고할 때
아하~ stay out of ~에서 빠지다, ~ 밖에 머물다

A This is between Mary and me. **You stay out of this!**
이건 나와 메리 둘만의 문제야. **넌 빠져!**

B Hmph, but I'm Mary's best friend.
흥, 하지만 나는 메리의 절친이야.

❼ Don't give me that.

허튼 소리 하지 마.

언제? 말도 안 되는 엉성한 변명을 듣고
잠깐! 앞서 말한 '그 따위 허튼 소리'를 간단히 that으로 받아 처리

A I can't come to work today. My mother is very sick, you see.
오늘 일하러 못 가겠어요. 저희 어머니가 많이 아프셔요.

B **Don't give me that.** Come to work right now.
허튼 소리 하지 마. 당장 출근해.

❽ Stay away from me.

가까이 오지 마.

언제? 내 주변에 얼쩡거리지 말라고 경고할 때
아하~ stay away from ~을 가까이하지 않다, ~에서 떨어져 있다

A I told you I won't date you. **Stay away from me from now on.**
당신이랑 데이트 안 한다고 말했잖아요. 앞으로는 **가까이 오지 마세요.**

B Okay, I won't bother you again.
알았어요. 다시는 귀찮게 안 할게요.

＊from now on 앞으로는, 지금부터는

❾ Don't you dare!

그러기만 해봐라!

언제? 감히 그럴 생각도 하지 말라고 경고할 때
아하~ dare 감히 ~하다

A I'm going to tell Mom that you cheated on your test!
네가 시험에 커닝했다고 엄마한테 이를 거다!

B **Don't you dare!** If you do, I'm going to post your report card on my Facebook.
그러기만 해봐라! 만약 그러면 난 오빠 성적표를 내 페이스북에 올릴 거야.

＊cheat 커닝하다

❿ Don't rub it in.

자꾸 들먹이지 마.

언제? 잊고 싶은 일을 자꾸 상기시킬 때
아하~ rub it in (기억하고 싶지 않은 일을) 자꾸 들먹이다, 상기시키다
잠깐! 상처에 소금을 바르지(rub) 말라는 데서 유래

A This is the third job you've lost, right?
이번이 세 번째로 실직한 거지?

B Yes! **Don't rub it in.**
그래! **자꾸 들먹이지 마.**

13

▶ 〈모의고사 04회〉 정답입니다.

❶ Don't be a crybaby.

엄살 좀 부리지 마.

언제? 별것도 아닌데 무섭다고 야단일 때
아하~ be a crybaby (울보(crybaby)처럼) 엄살을 부리다
잠깐! 〈Don't + 동사원형〉은 '~하지 말라'는 의미의 대표 패턴

A I don't want to go to the hospital. It will hurt so much!
병원에 가기 싫어. 엄청 아플 거야!
B **Don't be a crybaby.**
엄살 좀 부리지 마.

❷ Stop fussing.

호들갑 좀 떨지 마.

언제? 오버하게 거슬릴 때
아하~ fuss 호들갑/법석을 떨다
잠깐! 〈Stop -ing〉는 지금 하고 있는 행위를 '그만하라'는 의미의 대표 패턴

A Oh, my gosh! What am I going to wear? How's my hair?
어쩜 좋아! 나 뭘 입지? 내 머리는 어때?
B It's only a blind date. **Stop fussing.**
소개팅일 뿐이야. 호들갑 좀 떨지 마.

❸ Stop whining.

보채지 좀 마.

언제? 자꾸 조르며 징징댈 때
아하~ whine 징징거리다, 보채다

A Mom, are we there yet? I need to stretch my legs and I'm hungry.
엄마, 다 왔어요? 다리도 펴고 싶고 배도 고프단 말이에요.
B **Stop whining.** We're almost there.
보채지 좀 마. 거의 다 왔어.

❹ Don't rush me.

재촉하지 좀 마.

언제? 빨리 좀 하라고 쪼아댈 때
아하~ rush 재촉하다

A How's it going? We haven't got much time.
잘되고 있니? 시간이 얼마 없어.
B **Don't rush me.** You're making me nervous.
재촉하지 좀 마. 불안해지잖아.

❺ Talk is cheap.

말이야 쉽지.

언제? 실천 가능한지 고민 없이 말만 해댈 때
잠깐! 여기에서 cheap은 '별로 어렵지 않다'는 뉘앙스

A I'll quit smoking from now on. I promise.
이제부터 담배를 끊을게. 약속한다니까.
B **Talk is cheap.**
말이야 쉽지.

＊quit smoking 담배를 끊다 (cf. quit drinking 술을 끊다)

❻ I told you so!

거봐!

언제? 내가 말한 대로 결과가 나왔을 때
직역 내가 너한테 그렇게 말했었잖아!

A I shouldn't have drunk that beer. It's giving me a headache.
그 맥주를 마시는 게 아니었어. 머리가 아파.
B **I told you so!**
거봐!

＊shouldn't have p.p. ~하지 말았어야 했는데 | headache 두통

❼ Stop picking on her.

그 애를 괴롭히지 마.

언제? 한 명을 집중적으로 놀리거나 못살게 굴 때
아하~ pick on ~를 부당하게 괴롭히다, 못살게 굴다

A Billy, Sarah is crying because of you. **Stop picking on her.**
빌리, 너 때문에 사라가 울고 있단다. 그 애를 괴롭히지 마.
B I'm sorry, Principal Kim. It's just that I have a crush on her.
죄송해요, 김 교장 선생님. 실은 제가 그 애를 짝사랑해서 그래요.

＊have a crush on ~에게 반하다

❽ It's none of your business.

넌 상관하지 마.

언제? 참견하거나 신경 쓰지 말라고 할 때
아하~ business 관여할 일

A How much does your new job pay?
새 직장에서 얼마나 받아?
B **It's none of your business.**
상관 마.

❾ What's it to you?

너랑 무슨 상관인데?

언제? 과도하게 남의 일에 간섭하는 사람에게
직역 그것이 너에게 뭔데?

A Are you dating Lorraine Johnson?
자네 로레인 존슨과 사귀고 있지?
B Yes, I am. **What's it to you?** Oh! Are you her father?
그런데요. 당신과 무슨 상관이죠? 아! 그 애 아버지세요?

❿ Do I have to spell it out for you?

그걸 일일이 다 말해줘야 돼?

언제? 상대방의 아둔함에 질렸을 때
아하~ spell out (철자를 하나하나 불러주듯이) 일일이 말하다

A So you want me to take notes?
그러니까 받아 적으라는 뜻이죠?
B Yes, yes! **Do I have to spell it out for you?**
그래, 그래! 그걸 일일이 다 말해줘야 되겠니?

❶ Don't be so selfish.

그렇게 이기적으로 굴지 좀 마.

언제? 자기밖에 모르는 사람에게
아하~ selfish 이기적인

A Mom, I'm going to eat this whole pizza all by myself.
엄마, 나 이 피자 한 판 혼자 다 먹을 거예요.

B Hey, hey! **Don't be so selfish.**
어머, 얘! 그렇게 이기적으로 굴지 좀 마.

＊by oneself 혼자

❷ You're out of your mind.

너 정신이 나갔구나.

언제? 제정신이라면 이럴 수가 없다 싶을 때
아하~ out of one's mind 제정신이 아닌, 미친

A Why did you sleep with the window open all night?
You're out of your mind.
밤새 왜 창문을 열어놓고 잔 거야? 너 정신이 나갔구나!

B But I didn't. Wait! Where's my wallet?
그런 적 없는데요. 잠깐! 내 지갑 어디 있지?

❸ You are so busted.

너 딱 걸렸어.

언제? 잘못을 저지르는 현장을 꼼짝없이 들킨 사람에게
아하~ be busted 갑작스런 단속이나 감시에 걸리다

A Hey, is that a cigarette you're taking out from Dad's coat? **You are so busted.**
야, 그거 아빠 외투에서 담배 꺼내는 거 아냐? 너 딱 걸렸어.

B No, no. I was just putting it back.
아냐, 아냐. 그냥 다시 갖다 놓는 중이었어.

＊put back 제자리에 갖다 놓다

❹ Don't be too hard on him.

걔한테 너무 심하게 굴지 마.

언제? 불쌍할 정도로 누군가를 코너에 몰 때
아하~ be too hard on ~를 너무 심하게 대하다/나무라다

A Dear, Tony is crying because of you. **Don't be too hard on him.**
여보, 토니가 당신 때문에 울잖아요. 걔를 너무 심하게 나무라지 말아요.

B But he traded your diamond ring for a bicycle!
당신의 다이아 반지를 자전거와 바꿨는데도?

＊trade A for B A를 B와 바꾸다/교환하다

❺ That was uncalled for.

그럴 것까진 없잖아.

언제? 도가 지나친 말이나 행동을 했을 때
아하~ be uncalled for 부적절하다, 불필요하다
(cf. call for ~을 필요로 하다)

A I can't let you take away my company. You can go to hell!
내 회사를 당신한테 빼앗길 순 없어. 지옥에나 떨어져!

B Oh my, Mr. MacDonald. **That was uncalled for.**
저런, 맥도널드 씨. 그럴 것까진 없잖아요.

❻ You deserve it.

쌤통이다.

언제? 그래도 싸다고 생각될 때
아하~ deserve (그럴 만한) 자격이 있다
잠깐! 비난할 때뿐만 아니라 '그럴 자격이 있다'며 칭찬할 때도 사용

A I can't believe I've been dumped by Georgia.
내가 조지아한테 차였다니 말도 안 돼.

B **You deserve it.**
쌤통이다.

＊be dumped by (연애) ~에게 차이다

❼ This is too much.

이거 너무하네!

언제? 무례함이 도를 지나쳤을 때
아하~ too much 너무한, 지나친

A **This is too much!** I demand to see your boss right away!
이거 너무하네요! 사장님을 당장 만나게 해주세요!

B I'm sorry. It looks like he isn't in his office.
죄송합니다. 사장님이 사무실에 안 계시는 것 같네요.

＊I demand to do ~할 것을 요구하다 ➡ ~하게 해주세요

❽ You are so mean.

너 정말 못됐어.

언제? 못된 짓을 일삼는 녀석에게
아하~ mean 못된, 심술궂은

A Why did you take that homeless person's money?
You are so mean.
왜 저 노숙자 돈을 가져갔지? 너 정말 못됐다.

B No, no. He was lending me money.
아니야. 저 사람이 나한테 돈을 빌려주고 있었던 거야.

＊homeless person 노숙자

❾ She's playing you.

그 여자가 널 갖고 노는 거야.

언제? 남의 감정을 갖고 놀 듯 상대방을 속일 때
아하~ play 갖고 놀다

A Wow, Helena told me she loves me.
우와, 헬레나가 날 사랑한대.

B Oh, no! **She's playing you.**
저런! 걔가 널 갖고 노는 거야.

❿ Don't spoil the fun.

분위기 깨지 마.

언제? 눈치 없이 흥을 깨는 사람에게
아하~ spoil the fun 분위기를 망치다, 흥을 깨다

A I've enjoyed your party. But I'd better be off now.
파티 즐거웠어. 근데 이제 그만 가봐야겠어.

B Oh, Selena! **Don't spoil the fun.** Please stay.
아, 셀리나! 분위기 깨지 마. 제발 계속 있어주라.

＊be off 자리를 뜨다

▶ 〈모의고사 05회〉 정답입니다.

❶ You have no shame.

넌 염치도 없구나.

언제? 뻔뻔하고 얼굴 두껍게 구는 사람에게
아하~ have no shame (조금도 부끄러운(shame) 줄 모르고) 염치가 없다

A How could you just copy my report? **You have no shame.**
내 리포트를 그대로 베끼면 어떡해? **넌 염치도 없구나.**

B Sorry, dude. I'll buy you a nice dinner if I get an A.
미안해, 친구. A 받으면 맛있는 밥 쏠게.

❷ That was out of line.

도가 너무 지나쳤어.

언제? 말이나 행동이 너무 심할 때
아하~ out of line 지켜야 할 선을 넘은

A Hey! **That was out of line.** Apologize to Linda.
야! 도가 너무 지나쳤어. 린다에게 사과해.

B OK, I don't know what came over me.
그래, 내가 도대체 무슨 생각으로 그랬는지 몰라.

❸ You're making a scene.

사람들 보는데 이게 뭐야.

언제? 구경거리가 될 정도로 부끄러운 짓을 할 때
아하~ make a scene 부끄러운 광경을 만들다

A Stop shouting. **You're making a scene.**
소리 그만 질러. 사람들 보는데 이게 뭐야.

B I don't care. Is it me or her?
상관없어. 나야, 그 여자야?

❹ What have you done now?

또 무슨 일을 저지른 거야?

언제? 말썽꾸러기가 또 한 건 저질렀을 때
잠깐! 저지른 일을 두고 하는 말이므로 현재완료시제(have done)를 쓴 것

A **What have you done now?** Alice will never forgive you.
또 무슨 일을 저지른 거야? 앨리스가 절대 용서하지 않을 거야.

B I know. I totally screwed up.
알아. 내가 완전 망쳐버렸어.

*screw up 일을 망치다, 그르치다

❺ Where are your manners?

왜 이렇게 버릇없게 구니?

언제? 부모가 아이의 무례함을 나무랄 때
아하~ manners 예의
잠깐! 공공장소에서 몰상식하게 구는 사람에게도 쓸 수 있는데, 최대한 조심해서 쓸 것

A Mom, that man is ugly!
엄마, 저 남자 못생겼어!

B Oh, dear. **Where are your manners?**
저런. 왜 이렇게 버릇없게 구니?

❻ What an eyesore.

정말 꼴불견이다.

언제? 보기 흉한 짓에 혀를 찰 때
아하~ eyesore 꼴불견, 보기 흉한 것/건물

A Did you see what that man did just now? **What an eyesore.**
방금 저 남자가 한 거 봤어? **정말 꼴불견이다.**

B I know! How rude. Let's get out of here.
그러게! 정말 무례하네. 우리 여기서 나가자.

❼ Don't try to gloss over this.

얼버무리고 넘어갈 생각 마.

언제? 구렁이 담 넘듯 슬쩍 말을 피할 때
아하~ gloss over ~을 얼버무리고 넘어가다

A Say, how about a drink? You like vodka, right?
이봐, 술 한잔 어때? 너 보드카 좋아하지, 그치?

B Hey! **Don't try to gloss over this.**
아! 얼버무리고 넘어갈 생각 마.

❽ Don't slack off.

게으름 피우지 마.

언제? 게으름 피우며 대충 일하는 사람에게
아하~ slack off 게으름을 피우다

A How about we take a break now?
우리 이제 좀 쉬는 건 어떨까?

B **Don't slack off.** You went out for a cigarette just a while ago.
게으름 피우지 마. 좀 전에도 담배 핀다고 나갔잖아.

❾ Don't make excuses.

변명하지 마.

언제? 변명을 늘어놓는 게 보일 때
아하~ make excuses 변명을 하다 (excuse 변명)

A Can I go home? I have a toothache.
집에 가도 돼요? 치통이 있어요.

B **Don't make excuses.** Give me 30 more sit-ups right now.
변명하지 마. 당장 윗몸 일으키기 30개 더 해.

*sit-up 윗몸 일으키기

❿ That's a lame excuse.

궁색한 변명 하고 있네.

언제? 말도 안 되는 변명을 할 때
아하~ lame excuse 궁색한 변명 (lame 설득력이 없는)

A Do you believe my story now? It really was an alien that did it!
이제 제 말을 믿으시겠어요? 정말로 외계인이 그랬단 말이에요!

B **That's a lame excuse.** Just say you're sorry.
궁색한 변명 하고 있네. 그냥 사과해.

Study012.mp3

❶ Watch your mouth!
입조심해!

언제? 상대방이 버릇없이 함부로 말할 때
아하~ Watch ~! (주의나 경고를 줄 때) ~을 조심해!
잠깐! 삿대질 하며 써도 될 만큼 센 표현이니 사용시 주의

A Your little sister is pretty. I wish she were my girlfriend.
네 여동생 예쁘다. 내 여자친구면 좋겠네.
B Hey! **Watch your mouth!**
이봐! **입조심해!**

❷ Mind your language.
말 가려서 해.

언제? 상대방이 욕이나 저속한 말을 할 때
아하~ Mind ~ (주의나 경고를 줄 때) ~을 조심해라
잠깐! 조금은 점잖게 주의를 주고자 할 때 쓴다.

A Daehun! **Mind your language.**
대훈아! **말 가려서 해.**
B I'm sorry, Ms. Lim. I was out of line.
죄송해요. 임 선생님. 제가 지나쳤습니다.

❸ You take it back.
그 말 취소해.

언제? 모욕적인 말을 들었을 때
아하~ take back (잘못된 말이나 행동 등을) 물리다, 철회하다
잠깐! cancel은 약속이나 일정 등의 취소에 쓰이므로 이런 경우에 쓸 수 없다.

A **You take it back.** How can you say I'm fat?
그 말 취소하세요. 어떻게 제게 살쪘다고 할 수 있어요?
B But I'm your doctor.
하지만 전 당신 주치의잖아요.

❹ He has a big mouth.
걔는 입이 싸.

언제? 소문 내고 수다 떨기를 좋아하는 사람에 대해
아하~ have a big mouth 입이 싸다/가볍다
잠깐! 말이 많은 것을 큰 입(big mouth)에 비유

A Jason says George and Anna broke up.
제이슨이 그러는데 조지와 애나가 깨졌대.
B **He has a big mouth!** You keep this to yourself.
걔는 입이 싸! 너만 알고 있어.

❺ You're too outspoken.
넌 너무 솔직해서 탈이야.

언제? 눈치 없이 너무 솔직한 사람에게
아하~ outspoken (남의 기분을 신경 쓰지 않고) 거침없이/솔직하게 말하는

A Why did your friend suddenly leave?
네 친구는 왜 갑자기 가버린 거야?
B You just don't say those things. Oh! **You're too outspoken.**
그런 말은 하는 게 아냐. 아! **넌 너무 솔직해서 탈이야.**

❻ Stop giving me lip service.
입에 발린 소리 그만해.

언제? 듣기 좋으라고 하는 말임을 간파했을 때 또는 영혼 없이 말로만 때우는 상대에게
아하~ lip service 입에 발린 말

A You look really good in those clothes.
그 옷 참 잘 어울린다.
B **Stop giving me lip service.** It won't change my mind.
입에 발린 소리 그만해. 그런다고 내 마음 안 바뀌어.

❼ Don't interrupt.
끼어들지 마.

언제? 말하고 있는데 불쑥 말을 자를 때
아하~ interrupt 끼어들다, 방해하다
잠깐! Don't interrupt me. (내 말에) 끼어들지 마. 말 자르지 마.

A Hey, I wasn't done talking. **Don't interrupt.**
야, 나 아직 얘기 안 끝났어. **끼어들지 마.**
B Sorry. I got carried away.
미안해. 내가 너무 흥분했어.
*get carried away 몹시 흥분하다

❽ Don't talk back to me.
말대꾸하지 마.

언제? 고개 빳빳이 들고 내게 대들 때
아하~ talk back to ~에게 말대꾸하다

A But that's because I was helping John, Mom!
그건 내가 존을 돕고 있어서 그랬어요. 엄마!
B **Don't talk back to me.** I already know there's no such friend.
말대꾸하지 마. 그런 친구는 없다는 거 이미 알고 있어.
*that's because S + 과거동사 ~해서 그랬다

❾ Don't even bring that up.
그런 얘기는 꺼내지도 마.

언제? 듣기 싫은 화제를 꺼내려 할 때
아하~ bring up (화제를) 꺼내다

A About the presents... We should give them back to each other.
선물들 말인데… 서로에게 돌려줘야 한다고 봐.
B **Don't even bring that up.** Besides, I don't have them anymore.
그런 얘기는 꺼내지도 마. 게다가 더 이상 갖고 있지도 않아.

❿ He's talking gibberish.
걔 횡설수설하고 있어.

언제? 말은 많은데 무슨 소린지 알아들을 수 없는 사람을 두고 말할 때
아하~ gibberish 횡설수설

A Is he drunk? **He's talking gibberish.**
저 사람 술 취했니? **횡설수설하고 있어.**
B Oh, you mean Norman? No, no. He's like that all the time.
오, 노먼 말이야? 아니야. 저 사람 항상 저래.
*all the time 항상

17

▶〈모의고사 06회〉정답입니다.

❶ Stop winding me up.

약 올리지 마.

언제? 서서히 나를 놀리거나 화나게 할 때

이하~ wind someone up (태엽을 감아올리듯) ~를 약 올리다

A You know you want to eat this pizza, right?
너 이 피자 먹고 싶은 거 맞지?

B **Stop winding me up.** I'm irritable when I'm hungry.
약 올리지 마. 난 배고플 때 예민하단 말이야.

*irritable 예민한, 짜증이 곧잘 나는

❷ Are you mocking me?

나 놀리는 거냐?

언제? 나를 흉내 내며 놀릴 때

이하~ mock (~를 흉내 내며) 놀리다

A **Are you mocking me?** Do you think I like walking this way?
나 놀리는 거냐? 내가 좋아서 이렇게 걷는 것 같아?

B I'm sorry. It won't happen again.
미안해. 다시는 안 그럴게.

❸ Don't bad-mouth Brandon.

브랜든을 흉보지 마.

언제? 뒷담화하는 게 듣기 싫을 때

이하~ bad-mouth ~를 안 좋게 말하다, 헐뜯다

A I think Brandon is really lazy and irresponsible.
브랜든은 정말 게으르고 무책임한 것 같아.

B Hey! **Don't bad-mouth Brandon.** He's your friend.
야! **브랜든 흉보지 마.** 걔는 네 친구잖아.

❹ Stop calling him names.

걔한테 욕하지 마.

언제? 듣기 싫은 별명을 부르거나 욕하는 사람에게

이하~ call someone names ~를 욕하다, 험담하다

A Hey! **Stop calling him names.** Don't you ever call him "pig."
야! **걔한테 욕하지 마.** '돼지'라고 또 그래 봐라!

B But your dog really does look like a pig.
하지만 네 개는 정말 돼지처럼 생겼잖아.

❺ Live up to your name.

이름값 좀 해라.

언제? 사회적 위치나 나이에 걸맞지 않게 행동할 때

이하~ live up to ~에 어울리게 살다, 기대에 부응하다

A You can't quit now! **Live up to your name.**
지금 관두면 안 돼! **이름값 좀 해라.**

B I'm sure my fans will understand.
분명 내 팬들은 이해해줄 거야.

❻ You put me off.

너 밥맛이야.

언제? 쳐다보기 싫을 정도로 미울 때

이하~ put someone off ~가 싫어하게 만들다

직역 너는 내가 싫어하게 만든다.

A **You put me off.** Go sit somewhere else.
너 밥맛이야. 다른 데 가서 앉아.

B I was just kidding with you.
너한테 그냥 장난 좀 친 거였어.

*go sit 가서 앉다 (현재동사 go 뒤에는 동사원형을 바로 쓰는 경향이 있음)

❼ I'll get even with you.

너에게 똑같이 갚아주마.

언제? 당한 대로 앙갚음을 하려 할 때

이하~ get even with ~에게 (해를 입은 만큼) 되갚아주다

A You put a bug in my soup. **I'll get even with you.**
내 수프에 벌레를 넣다니. **똑같이 갚아주마.**

B Hey, insects are nutritious.
야, 곤충이 얼마나 영양가 있는데.

*nutritious 영양가 있는

❽ I'm going to teach him a lesson.

쟤 손 좀 봐줘야겠어.

언제? 누군가의 버릇을 고쳐주려고 할 때

이하~ teach someone a lesson ~에게 본때를 보여주다

A Tom has taken money from my wallet again! **I'm going to teach him a lesson.**
톰이 내 지갑에서 돈을 또 가져갔어! **쟤 손 좀 봐줘야겠어.**

B He's hiding in the garage, Dad.
차고에 숨어 있어요, 아빠.

*garage 차고

❾ She's getting back at you.

걔가 너한테 복수하는 거야.

언제? 저지른 만큼 당하고 있음을 알려줄 때

이하~ get back at ~에게 복수하다/앙갚음하다

A Why isn't Sonia answering my calls?
소니아가 왜 내 전화를 안 받는 걸까?

B Can't you see? **She's getting back at you.**
모르겠어? **걔가 너한테 복수하는 거야.**

❿ I have a score to settle.

풀어야 할 원한이 있어.

언제? 오래된 악감정을 정리할 필요가 있을 때

이하~ score 청산해야 할 빚 | settle 해결하다

A Where is James? **I have a score to settle** with him.
제임스는 어디 있어? 녀석과 풀어야 할 원한이 있어.

B It's been 15 years, Dan. Can't you let it go?
15년 전 일이야, 댄. 그냥 잊을 수 없겠니?

*let it go 그쯤 해두다, 이제 잊어버리다

❶ Look who's talking!

사돈 남 말 하네!

언제? 내가 할 말을 적반하장 격으로 상대가 할 때
직역 누가 말하고 있는지 좀 봐! (내가 할 말을 네가 하고 있다는 표현)

A Your hairstyle is terrible!
너 머리 모양이 끔찍해!

B **Look who's talking!**
사돈 남 말 하네!

❷ Don't give me that baloney.

헛소리 좀 하지 마.

언제? 말도 안 되는 소리를 해댈 때
아하~ baloney 거짓말

A You're saying that you own a sports car? **Don't give me that baloney.**
네가 스포츠카를 가지고 있다고? **헛소리 좀 하지 마.**

B You don't believe me, huh? I'll show you right now.
못 믿겠다고? 내가 당장 보여주지.

❸ Don't change the subject.

말 돌리지 마.

언제? 말하기 곤란하거나 불리할 때 상관없는 말을 꺼내며 화제를 바꾸려는 상대에게
아하~ subject 화제, 주제

A Oh, it's your birthday next week. What should I get you?
어머, 다음 주가 자기 생일이네? 뭐 사줄까?

B **Don't change the subject.** Who is he?
말 돌리지 마. 그 사람 누구야?

❹ Don't play dumb with me.

시치미 떼지 마.

언제? 상대방이 알고도 모른 척할 때
아하~ play dumb 바보인 척하다, 모르는 척하다

A I don't know what you are talking about. Honest.
무슨 말을 하는지 모르겠어. 정말이야.

B **Don't play dumb with me.** I have proof.
시치미 떼지 마. 증거가 있다고.

❺ What of it?

그래서 뭐?

언제? 퉁명스럽게 받아 칠 때
잠깐! '그럴 수도 있지 뭐! 어쩌라고?'라는 어감

A Did you spill milk on the floor?
네가 바닥에 우유 엎질렀어?

B Yeah. **What of it?**
응. **그래서 뭐?**

❻ What's that got to do with it?

그게 무슨 상관인데?

언제? 주제와 상관없는 엉뚱한 내용을 지적할 때
아하~ (have) got to do with ~와 관계가 있다
(have got은 have의 구어체 표현)

A It seems you don't exercise a lot.
운동을 잘 안 하시는 것 같군요.

B **What's that got to do with it?** Let's continue talking about my raise.
그게 무슨 상관인데요? 제 월급 인상이나 계속 얘기하시죠.

*raise 급여 인상

❼ Who do you think you are?

네가 뭔데 그래?

언제? 주제넘게 행동하는 사람에게
직역 네가 누구라고 생각하는 거야?

A Hey! You are taking up the whole camping area. **Who do you think you are?**
이봐요! 캠핑 장소를 다 차지하고 있잖아요. **당신이 뭔데 이러는 거예요?**

B Before you get all angry, why don't you try my sausages?
화내기 전에 제가 구운 소시지 좀 맛보시죠?

❽ What do you take me for?

날 뭘로 보는 거야?

언제? 나의 능력을 과소평가할 때
아하~ take A for ~ A를 ~로 여기다

A I didn't know you could cook.
요리할 줄 아는지 몰랐어.

B **What do you take me for?** I'm an excellent cook.
날 뭘로 보는 거야? 나 요리 엄청 잘해.

*cook ⓥ 요리하다 ⓝ 요리사

❾ On what grounds?

무슨 근거로?

언제? 주장하는 근거를 대라고 할 때
아하~ grounds 근거
잠깐! 전치사 on을 빠트리지 말 것

A You are under arrest, Mr. Roland.
로랜드 씨, 당신을 체포합니다.

B What? **On what grounds?**
뭐라고요? **무슨 근거로요?**

❿ So sue me!

배 째!

언제? 마음대로 해보라며 배짱부릴 때
아하~ sue 고소하다
직역 그럼 나를 고소해! (고소할 테면 해보란 어감)

A You said you'd give my money back!
내 돈 돌려준댔잖아!

B **So sue me!**
배 째!

❶ Don't get me wrong.

오해하지 마.

언제? 오해의 소지가 있을 때
아하~ get someone wrong ~을 오해하다, 잘못 이해하다

A **Don't get me wrong.** I'm not trying to propose to you.
오해하지 마. 너한테 프러포즈하려는 거 아니야.

B Then why are you making me close my eyes?
그럼 왜 눈을 감으라고 하는데?

❷ You owe me an explanation.

바른대로 말해.

언제? 상대에게 설명을 요구할 때
아하~ owe 빚지다
직역 너는 나한테 설명을 빚졌다.

A I just got off the phone with Cindy. **You owe me an explanation.**
방금 신디와 통화했거든. 바른대로 말해.

B No, no. Cindy's lying!
아니야. 신디가 거짓말하는 거야!

❸ I didn't do it on purpose.

일부러 그런 게 아니야.

언제? 고의가 아니었다고 해명할 때
아하~ on purpose 일부러

A I won't pay you. **I didn't do it on purpose.**
돈을 못 내겠어요. 일부러 그런 게 아니에요.

B Then don't. I'll just call the police.
그럼 관둬요. 그냥 경찰 부를래요.

❹ I didn't mean to say that.

그런 말 하려던 게 아니었어.

언제? 내가 한 말에 대해 후회가 될 때
아하~ didn't mean to do ~할 뜻이/의도가 아니었다
잠깐! I didn't mean it. 그러려던 게 아니었어.

A I was drunk. **I didn't mean to say that.**
내가 취했어. 그런 말 하려던 게 아니었어.

B I still can't forgive you.
그래도 용서 못하겠어.

❺ I didn't mean to pry.

캐물으려던 건 아니었어.

언제? 본의 아니게 사적인 내용을 건드렸을 때
아하~ pry (남의 사생활을) 캐다, 캐묻다

A Are you angry? **I didn't mean to pry.**
화났어요? 캐물으려던 건 아니었어요.

B You shouldn't have asked.
그런 말은 묻는 게 아니에요.

❻ I couldn't help it.

어쩔 수가 없었어.

언제? 상황 상 어쩔 수 없었다고 해명할 때
잠깐! 여기서 help는 '피하다'는 의미

A Are you eating chocolate? But you're on a diet!
초콜릿 먹고 있어? 근데 너 다이어트 중이잖아!

B I know. **I couldn't help it.**
알아. 어쩔 수가 없었어.

＊on a diet 다이어트 중인

❼ I had no idea!

꿈에도 몰랐어!

언제? 전혀 생각지도 못했을 때
아하~ have no idea 전혀 모르다

A Andy cheated on his test. That's why he got an A.
앤디가 시험 볼 때 커닝을 했어요. 그래서 A를 받았고요.

B Really? **I had no idea!**
정말? 꿈에도 몰랐네!

＊That's why S + 과거동사 그래서 ~한 거잖아

❽ What was I supposed to do?

나보고 어쩌라고?

언제? 노력했지만 역부족이었다고 항변할 때
아하~ be supposed to do ~하기로 되어 있다
직역 내가 뭘 했어야 했던 거지? (내가 할 수 있는 게 없었고 나도 어쩔 수 없었다는 뉘앙스)

A The engine broke down. **What was I supposed to do?**
엔진이 망가졌단 말이에요. 저보고 어쩌라고요?

B We know. No one's blaming you.
우리도 알아. 아무도 자네를 탓하지 않네.

❾ One thing led to another.

어쩌다 보니.

언제? 의도하지 않았는데 상황이 전개됐을 때
아하~ led lead(이어지다)의 과거형
직역 한 가지 일이 다른 일로 이어졌다.

A What happened last night?
어젯밤 무슨 일이 있었던 거야?

B **One thing led to another...** and we kissed.
어쩌다 보니… 우리 키스했어.

❿ I acted on impulse.

충동적으로 그랬어.

언제? 깊이 생각하지 않고 행동했을 때
아하~ act on impulse 충동적으로 행동하다

A Why did you steal those cigarettes?
그 담배는 왜 훔친 거야?

B I'm sorry. **I acted on impulse.**
죄송해요. 충동적으로 그랬어요.

❶ I fell for it.
거기에 낚였어.

언제? 남이 파놓은 함정에 빠졌을 때
야하~ fall for ~에 낚이다. (함정에) 빠지다
잠깐! Don't fall for it. (거기에) 속지 마, 낚이지 마.

A How could you spend $1,000 in one day?
어떻게 하루에 천 달러를 탕진할 수 있어?
B A man was selling miracle pills. **I fell for it.**
어떤 남자가 기적의 약을 팔더라고. **거기에 낚였지 뭐야.**

❷ I made a fool of myself.
바보 같은 짓을 했어.

언제? 자신의 어리석은 행동을 깨달았을 때
야하~ make a fool of oneself 바보짓을 하다, 웃음거리가 되다
잠깐! You made a fool of me. 넌 날 바보로 만들었어.

A So you proposed to Laura?
로라한테 프러포즈했단 말이야?
B **I made a fool of myself.** She's already married.
바보 같은 짓을 했어. 그녀는 이미 결혼했더라구.

❸ I didn't see that coming.
이럴 줄 몰랐어.

언제? 예상하지 못했던 일이 일어났을 때
직역 그게 오는 걸 예상하지(see) 못했어.

A Sir? The lady over there sent you her bill.
손님? 저기 계신 여성분이 계산서를 드리던데요.
B What? **I didn't see that coming.**
뭐라고요? **이럴 줄 몰랐는데.**

❹ I got carried away.
내가 오버했어.

언제? 흥분해서 자제를 못했을 때
야하~ get carried away 오버하다, 몹시 흥분하다

A Why are you soaking wet?
왜 이리 흠뻑 젖었어?
B I jumped into the pond. I'm sorry. **I got carried away.**
연못에 뛰어들었어. 미안해. **내가 오버했어.**

*soaking wet 흠뻑 젖은

❺ I wasn't thinking straight.
내 생각이 짧았어.

언제? 잘못된 판단이라고 인정하거나 후회할 때
야하~ not think straight 생각이 짧다, 똑바로 생각하지 못하다

A Why did you cancel our lunch?
왜 우리 점심 약속을 취소했어?
B Oh, I'm sorry. **I wasn't thinking straight.**
아, 미안해. **내 생각이 짧았어.**

❻ I owe you an apology.
너한테 사과하고 싶어.

언제? 정중하게 사과하고 싶을 때
야하~ owe 빚지다
직역 나는 너에게 사과를 빚졌다.

A I wasn't thinking straight. **I owe you an apology.**
내 생각이 짧았어. **너한테 사과하고 싶어.**
B It's okay. I forgive you.
괜찮아. 용서할게.

❼ Sorry I snapped at you.
너한테 쏘아붙여서 미안해.

언제? 말이 심했던 것을 사과할 때
야하~ snap at ~에게 쏘아붙이다

A **Sorry I snapped at you.** I had a fight with my wife.
너한테 쏘아붙여서 미안해. 아내와 싸웠거든.
B Wait! You have a scratch on your face.
가만! 너 얼굴에 긁혔는데.

❽ Sorry if I offended you.
기분 상하게 했다면 미안해.

언제? 나 때문에 상대가 언짢아할 때
야하~ offend 기분 상하게 하다

A I don't want to talk about my private life.
내 사생활에 대해서는 이야기하고 싶지 않아요.
B Oh, dear! **Sorry if I offended you.**
아, 이런! **기분 상하게 했다면 죄송해요.**

❾ Pardon my bluntness.
대놓고 말해서 미안해.

언제? 너무 직설적으로 말했을 때
야하~ pardon 용서하다
bluntness 직설적인 발언 (blunt 무딘, 뭉툭한)

A How could you say those things to me?
나에게 어떻게 그런 말을 할 수가 있니?
B **Pardon my bluntness.** But you needed to hear those things.
대놓고 말해서 미안해. 하지만 네가 들어야 할 말이었어.

❿ No hard feelings, I hope.
기분 나쁜 거 아니지?

언제? 나 때문에 상대의 기분이 상한 것 같을 때
야하~ hard feelings 악감정, 언짢은 생각
잠깐! 상대의 기분이 상하지 않았기를 바라는 어감

A You're leaving already? **No hard feelings, I hope.**
벌써 가세요? **기분 상하신 거 아니죠?**
B None taken. It's just that I have to pick up my son.
전혀요. 아들을 데리러 가야 해서 그래요.

*pick up (차로) ~를 데리러 가다

▶ 〈모의고사 08회〉 정답입니다.

❶ He has a sense of humor.

걔는 유머감각이 있어.

언제? 같이 있으면 절로 웃음이 나오는 사람을 두고 말할 때
아하~ sense of humor 유머감각

A Tell me about Jake.
제이크에 대해 말해줘.
B Well, he's handsome, kind, and... Oh, yeah! **He has a sense of humor.**
음, 잘생겼고, 상냥하고… 아, 그래! **걔는 유머감각이 있어.**

❷ I'm an optimistic person.

난 긍정적인 사람이야.

언제? 항상 좋은 면만 보는 낙천적인 사람을 두고 말할 때
아하~ optimistic 긍정적인 (cf. pessimistic 부정적인)

A I don't believe it. You blew your entire savings!
이럴 수가. 네가 모은 돈을 다 날렸잖아!
B Don't worry. **I'm an optimistic person.**
걱정 마. 난 긍정적인 사람이야.

❸ She's an easygoing person.

걔는 성격이 원만해.

언제? 누구든 잘 어울리는 성격의 사람을 두고 말할 때
아하~ easygoing (성격이) 원만한

A Why is Uma so popular?
우마는 왜 그렇게 인기가 많아?
B I think it's because **she's an easygoing person.**
걔는 성격이 원만해서 그런 것 같아.

❹ He has a laid-back personality.

걔는 성격이 느긋해.

언제? 항상 서두르지 않고 여유가 있는 성격의 사람을 두고 말할 때
아하~ laid-back 느긋한, 태평스러운 | personality 성격

A He's late again! I don't believe this.
녀석이 또 늦네! 황당하다.
B What can we do? **He has a laid-back personality.**
할 수 없지 뭐. **걔는 성격이 느긋하잖아.**

❺ He's gregarious.

그는 사람들하고 잘 어울려.

언제? 누구하고나 편하게 잘 어울리는 사람을 두고 말할 때
아하~ gregarious 남과 어울리기 좋아하는, 사교적인

A **He's gregarious.** That's why I'm recommending him to you.
그는 사람들하고 잘 어울려. 그래서 너한테 그를 추천하는 거야.
B Okay. I'll take your word for it.
알았어. 네 말을 믿어볼게.

❻ She's thoughtful.

걔는 사려 깊어.

언제? 배려심이 많고 사려 깊은 사람을 두고 말할 때
아하~ thoughtful 사려 깊은
잠깐! She's very considerate. 걔는 배려심이 많아.

A **She's always very thoughtful.**
그 애는 언제 봐도 참 사려 깊단 말야.
B I don't think so. Don't believe everything you see.
글쎄, 과연 그럴까? 보이는 게 다가 아냐.

❼ He's very open-minded.

그는 사고가 상당히 열려 있어.

언제? 편견 없이 열린 사고를 가진 사람을 두고 말할 때
아하~ open-minded 사고가 열린

A What is your new boss like?
너희 새 상사는 어떤 사람이니?
B I think **he's very open-minded.**
생각이 상당히 열린 사람인 것 같더라고.

❽ He's a likable guy.

그는 호감형이야.

언제? 외모나 성격이 왠지 끌리는 사람을 두고 말할 때
아하~ likable 호감이 가는
잠깐! He has a likable personality. 걔는 호감 가는 성격이야.

A **He's a likable guy.** You won't regret it.
그는 호감형이야. 후회하지 않을 거야.
B Oh, I don't know. I don't feel like going on a blind date.
아, 모르겠어. 별로 소개팅하고 싶지 않아.
＊I don't feel like -ing ~하고 싶지 않다 | go on a blind date 소개팅하다

❾ He doesn't hold a grudge.

걔는 뒤끝이 없어.

언제? 삐진 게 오래가지 않는 성격을 두고 말할 때
아하~ hold a grudge 뒤끝이 있다, 악의를 품다 (grudge 악의, 원한)

A How am I going to face him tomorrow?
내일 그 사람 얼굴을 어떻게 보지?
B Don't worry. **He doesn't hold a grudge.**
걱정 마. 그 사람은 뒤끝이 없어.

＊face 마주하다

❿ You are one of a kind.

넌 정말 독특해.

언제? 개성 넘치는 친구를 두고 말할 때
아하~ one of a kind (대체 불가능할 정도로) 독특한

A Did you see? I ate the hamburger in 30 seconds.
봤지? 내가 30초 만에 햄버거를 먹어치웠어.
B **You are one of a kind.**
넌 정말 독특해.

Study018.mp3

❶ He has a temper.
쟤 성깔 있어.

언제? 성질이 거칠고 고약한 사람을 두고 말할 때
아하~ temper (걸핏하면 화를 내는) 성질

A Did you just hear what he said to me?
쟤가 방금 나한테 한 말 들었어?
B **He has a temper.** Stay away from him.
쟤 성깔 있어. 멀리해.

*stay away from ~을 멀리하다

❷ He's cold-hearted.
그는 냉정해.

언제? 냉혈한처럼 차가운 사람을 두고 말할 때
아하~ cold-hearted 냉정한
잠깐! He's warm-hearted. 그는 참 따뜻한 사람이야.

A James didn't even say goodbye when he left.
제임스는 떠나면서 작별인사도 안 했어.
B Oh, wow! **He's a cold-hearted man.**
그럴 수가! 냉정한 사람이군.

❸ He's so stuck-up.
쟤는 너무 거들먹거려.

언제? 거만하고 잘난 척하는 성격을 두고 말할 때
아하~ stuck-up 거들먹거리는, 거만한 (코를 위로 향하고 있는 모습)

A I can't stand Michael. **He's so stuck-up.**
마이클은 못 봐주겠어. 걔는 너무 거들먹거려.
B Then break up with him!
그럼 헤어져!

*I can't stand ~ ~을 참을 수가 없다

❹ He's inflexible.
그는 융통성이 없어.

언제? 상황에 따라 바꿀 줄 모르는 성격을 두고 말할 때
아하~ inflexible 융통성 없는

A He still won't accept your apology? Man! **He's inflexible.**
아직도 네 사과를 안 받아주겠다? 어휴! 걔는 융통성이 없다니까.
B Let me try to talk to him again.
내가 다시 이야기해 볼게.

❺ She's gullible.
그녀는 귀가 얇아.

언제? 남의 말을 쉽게 믿고 잘 넘어가는 사람을 두고 말할 때
아하~ gullible 귀가 얇은, 남을 잘 믿는

A What? Jane bought all these things at the market?
뭐라고? 제인이 시장에서 이 많은 물건들을 다 샀단 말이야?
B You know how she is. **She's gullible.**
쟤 알잖아요. 쟤는 귀가 얇아요.

❻ He's wishy-washy.
걔는 우유부단해.

언제? 물에 물 탄 듯 술에 술 탄 듯한 사람을 두고 말할 때
아하~ wishy-washy 우유부단한, 미온적인

A Why are you all stressed out?
왜 그렇게 스트레스를 받는데?
B Arrgh! It's Fred. **He's wishy-washy.**
윽! 프레드 때문이야. 걔가 우유부단하거든.

❼ He's shy of strangers.
걔는 낯을 가려.

언제? 쉽게 친해지지 못하는 성격을 두고 말할 때
아하~ shy of strangers 낯을 가리는

A Why is your child hiding behind the curtains?
왜 당신 아이가 커튼 뒤에 숨어 있나요?
B Oh, don't worry. **He's shy of strangers.**
아, 걱정 마세요. 얘가 낯을 가려요.

❽ She's withdrawn.
그 애는 내성적이야.

언제? 말이 없고 혼자 있는 게 편한 사람을 두고 말할 때
아하~ withdrawn 내성적인

A Can you tell me about Ellen?
엘렌에 대해 말해줄래요?
B Yes, doctor. **She's withdrawn** and easily frightened.
네, 선생님. 그 애는 내성적이고 겁을 잘 먹어요.

❾ She lives in her own world.
걔는 4차원이야.

언제? 자신만의 독특한 사고방식의 소유자를 두고 말할 때
아하~ in one's own world 자기만의 세계 속에
직역 그녀는 자기 세계에 빠져 산다.

A So why did you decide to break up with Hilda?
그러니까 왜 힐다와 헤어지기로 했는데?
B Oh, man. **She lives in her own world.**
말도 마. 걔는 4차원이야.

❿ He's a calculating person.
그는 계산적인 사람이야.

언제? 매사에 손해 보지 않으려는 사람을 두고 말할 때
아하~ calculating 계산적인

A He planned this also? I don't believe it!
그가 이것도 계획했단 말이야? 말도 안 돼!
B Yes, he did. **He's a calculating person.**
그랬다니까. 그는 계산적인 사람이야.

▶〈모의고사 09회〉 정답입니다.

❶ Let's set a date.

날짜를 정하자.

언제? 약속 날짜를 잡고 싶을 때
아하~ set a date 날짜를 정하다

A When should we meet? **Let's set a date.**
우리 언제 만날까? **날짜를 정하자.**

B Umm. Maybe some other time, okay?
음. 다음 기회로 미루자, 괜찮지?

❷ Let's all get together sometime.

언제 다 같이 보자.

언제? 인사차 한번 보자고 할 때
아하~ get together 함께 만나다, 모이다 | sometime 언젠가
잠깐! Let's get together sometime. 언제 우리 한번 뭉치자.

A I had a wonderful time today.
오늘 즐거웠어.

B Me too. Oh, I wish Tom and Jane were here.
Let's all get together sometime.
나도. 참, 톰과 제인도 왔으면 좋았을 텐데. **언제 다 같이 보자.**

❸ Give me a call anytime.

언제든지 전화 주세요.

언제? 상대방 편할 때 연락하라는 말
아하~ give me a call 내게 전화하다

A When can I see you again?
언제 또 만날 수 있을까요?

B **Give me a call anytime.**
언제든지 전화 주세요.

❹ Let's meet up this weekend.

이번 주말에 만나자.

언제? 친구에게 만나자고 제안할 때
아하~ meet up ~와 (약속을 하여) 만나서 시간을 보내다

A Hey, John! **Let's meet up this weekend.**
어이, 존! **이번 주말에 만나자.**

B Sorry. I'll take a rain check. I'm going camping with my family.
미안. 난 다음에 보자. 가족들이랑 캠핑을 가기로 했어.

*take a rain check 다음을 기약하다

❺ Are you free tomorrow?

내일 시간 있어?

언제? 시간이 되는지 물을 때
아하~ free 한가한
잠깐! Are you free 뒤에 만나고 싶은 때를 간단히 덧붙여 쓴다.

A I want to go for a drive. **Are you free tomorrow?**
드라이브 가고 싶어. **내일 시간 있어?**

B I have a better idea. Let's watch baseball on TV!
내게 더 좋은 생각이 있어. TV로 야구 보자!

❻ What kept you?

왜 늦은 거야?

언제? 약속시간에 늦은 친구를 타박할 때
아하~ keep 지체시키다
직역 무엇이 너를 지체시켰어?

A I've been waiting for half an hour! **What kept you?**
30분이나 기다렸잖아! 왜 늦은 거야?

B Sorry, I had a fight with my taxi driver.
미안. 택시기사랑 싸웠어.

❼ You are right on time!

시간 정확히 맞춰 왔네!

언제? 상대방이 약속시간에 정확히 나타났을 때
아하~ right on time 정확히 제시간에

A Hey! **You are right on time!**
이야! **시간 정확히 맞춰 왔네!**

B Yeah. My friend drove me here.
그치? 친구가 차로 데려다줬어.

❽ He should be here by now.

지금쯤 와야 하는데.

언제? 안 오는 사람을 애타게 기다릴 때
아하~ should ~해야 하는데 (그렇지 않다) | by now 지금쯤이면

A Mom, I'm getting cold. Where's Dad?
엄마, 나 추워요. 아빠 언제 와요?

B That's strange. **He should be here by now.**
이상하네. **지금쯤 와야 하는데.**

❾ She's on her way.

오고 있대.

언제? 오고 있는 길이라고 할 때
아하~ be on one's way ~가 가는/오는 중이다

A Was that Olivia?
방금 올리비아 전화였니?

B Yeah. **She's on her way.** She says to start without her.
맞아. **오고 있대.** 먼저 먹고 있으라고 하네.

❿ Speak of the devil!

호랑이도 제 말하면 온다더니!

언제? 마침 이야기하고 있던 사람이 나타났을 때
잠깐! 우리는 호랑이에 빗대고, 영어에서는 악마(devil)에 빗대 표현

A I've decided to ask Wendy out when she comes.
웬디가 오면 데이트 신청을 하기로 했어.

B **Speak of the devil!** Wendy, over here!
호랑이도 제 말하면 온다더니! 웬디, 여기야!

*ask someone out ~에게 데이트 신청하다

❶ Come on in.
어서 들어오세요.

언제? 우리 집에 온 손님을 반갑게 맞이할 때
잠깐! 특히 처음 방문해서 머뭇거리는 이에게 친근하게 말해보자.

A How nice to see you! **Come on in.**
만나서 반가워요! **어서 들어오세요.**

B Hi! Thank you for inviting me.
안녕하세요! 초대해줘서 고마워요.

❷ Make yourself at home.
편하게 계세요.

언제? 우리 집을 방문한 손님을 배려해줄 때
직역 너희 집에 있는 것처럼 편하게 행동해.

A This is the living room. **Make yourself at home.**
여기가 거실이에요. **편하게 계세요.**

B Oh, I like your sofa!
어머, 소파 예쁘네요.

❸ Your face seems familiar.
얼굴이 낯이 익어요.

언제? 전에 본 적이 있는 것 같을 때
이하~ seem familiar 낯이 익은 것 같다
잠깐! You look familiar. 낯이 익은데요.

A Hmm. **Your face seems familiar.** Are you a celebrity?
음. **얼굴이 낯이 익어요.** 연예인이세요?

B Ha ha. No, but I get that a lot.
하하, 아니에요. 그런 말 자주 듣긴 해요.

＊celebrity 유명인사, 연예인

❹ You must be Professor Kang.
강 교수님이시죠?

언제? 실물은 처음이지만 누군지 알아볼 수 있을 때
이하~ must be ~인 게 틀림없다, 분명 ~이다

A **You must be Professor Kang.** Please come this way.
강 교수님이시죠? 이쪽으로 오시죠.

B Who are you? Where are you taking me?
당신은 누구세요? 어디로 가는 거죠?

❺ I didn't catch your name.
성함을 미처 못 들었습니다.

언제? 이름을 제대로 못 들었을 때
이하~ catch 알아듣다

A Excuse me. **I didn't catch your name.**
미안해요. **성함을 미처 못 들었습니다.**

B It's Max Webber. Wow, it's so noisy and crowded in here.
맥스 웨버입니다. 우와, 여긴 너무 시끄럽고 북적거리네요.

＊crowded 북적거리는

❻ I must be going now.
이제 그만 가봐야 해.

언제? 모임에서 먼저 일어날 때
잠깐! 어쩔 수 없는 이유로 먼저 가야 한다는 뉘앙스

A I wish I could stay longer, but **I must be going now.**
더 오래 있고 싶지만, **이제 그만 가봐야 해요.**

B Please stay a bit longer. I'll drive you home.
조금만 더 있다 가요. 제가 차로 데려다 줄게요.

❼ I'll walk you out.
제가 출구까지 배웅해 드리죠.

언제? 손님을 문까지 배웅해줄 때
이하~ walk you out 너를 배웅하다

A Leaving already? Then **I'll walk you out.**
벌써 떠나시려고요? 그렇다면 **제가 출구까지 배웅해 드리죠.**

B Oh, no. That won't be necessary.
아, 아니에요. 그러실 필요는 없습니다.

❽ I'll let myself out.
제가 알아서 나갈게요.

언제? 집주인을 번거롭게 하지 않으려고 할 때
직역 내가 스스로 나가게 하겠다.

A Thank you for inviting me. **I'll let myself out.**
초대해줘서 고마워요. **제가 알아서 나갈게요.**

B Are you sure? My house is like a maze.
괜찮겠어요? 우리 집이 미로 같은 구조거든요.

＊maze 미로

❾ Thank you for your time.
시간 내주셔서 고마워요.

언제? 일부러 시간 내준 상대방이 고마울 때
이하~ Thank you for ~해줘서 고마워

A **Thank you for your time.** You'll have the results next week.
시간 내주셔서 고마워요. 결과는 다음 주에 받으실 겁니다.

B Oh! Can I get the results any sooner?
어머! 결과를 더 빨리 받아볼 수는 없을까요?

❿ Let's keep in touch.
연락하고 지내자.

언제? 자주 보자고 인사차 말할 때
이하~ keep in touch 계속 연락하고 지내다

A It was nice meeting you, Ben. **Let's keep in touch.**
만나서 반가웠어, 벤. **연락하고 지내자.**

B Yeah, sure. Call me anytime.
응, 물론이지, 언제든지 전화 줘.

▶ 〈모의고사 10회〉 정답입니다.

❶ Long time no see!

정말 오랜만이다!

언제? 매우 오랜만에 만나는 지인에게

직역 오랫동안(long time) 못 봤다(no see).

A Hey! **Long time no see!**
이야! 정말 오랜만이다!

B Yeah! It's been five years, right?
그러게! 5년만이다. 그치?

❷ You haven't changed a bit.

너 하나도 안 변했다.

언제? 오랜만에 본 지인의 외모가 그대로일 때

아하~ change 변하다 | a bit 조금도, 하나도

잠깐! 예전부터 계속되는 모습을 나타내는 〈have + p.p.〉 시제를 써서 예전 모습 그대로임을 나타내고 있다.

A Wow! **You haven't changed a bit.**
우와! 너 하나도 안 변했다.

B I know you're lying. But thanks anyway.
거짓말인 거 다 알아. 그래도 어쨌든 고맙다.

❸ I ran into Alex.

알렉스와 우연히 마주쳤어.

언제? 아는 사람과 우연히 마주쳤을 때

아하~ run into (길을 가다가) ~를 우연히 만나다

A Hey, you know what? **I ran into Alex.**
야, 있잖아. 나 알렉스와 우연히 마주쳤어.

B Huh? That can't be. Alex is in India.
엥? 그럴 리가. 알렉스는 인도에 있어.

*You know what? 있잖아 (화제를 꺼내기에 앞서 곧잘 쓰는 말)

❹ It's a small world!

세상 참 좁구나!

언제? 아는 사람을 예기치 못한 장소에서 만났을 때

잠깐! Fancy meeting you here. 여기서 널 만나다니 너무 반갑다.

A James! It's you, right?
제임스! 너 맞지?

B Hey, Melissa! **It's a small world!**
이야, 멜리사! 세상 참 좁구나!

❺ What brings you here?

여긴 어쩐 일이야?

언제? 의외의 장소에서 지인을 만났을 때

아하~ bring ~를 데려오다

직역 무엇이 너를 여기로 데리고 왔니?

A **What brings you here?**
여긴 어쩐 일이야?

B Oh, I'm on my honeymoon.
아, 신혼여행 왔어.

❻ How's everything?

어떻게 지내?

언제? 전반적으로 어떻게 지내는지 안부가 궁금할 때

잠깐! What are you up to nowadays? 요즘 뭐 하고 지내?

A **How's everything?**
어떻게 지내?

B I'm doing great. I got promoted last month.
잘 지내고 있어. 지난달에 승진했어.

*get promoted 승진하다

❼ How's your health?

건강은 좀 어때?

언제? 몸이 좋지 않았던 사람의 건강이 궁금할 때

잠깐! 안부를 묻는 대표적인 패턴은 How's ~? / How are ~?

A **How's your health?**
건강은 좀 어때?

B Not so good. I'm a bit worried.
썩 좋지 않아. 좀 걱정이 돼.

❽ How are your parents?

부모님은 안녕하시니?

언제? 상대방 부모님의 안부를 물을 때

잠깐! How's your family? 가족들은 잘 지내/있어?

A **How are your parents?** I haven't seen them for ages.
부모님은 안녕하시니? 못 뵌 지 꽤 됐다.

B They have taken up a new hobby recently. It's salsa dancing.
최근에 새로운 취미를 시작하셨어. 살사댄싱이야.

*for ages 오랫동안 | take up (취미 등을) 시작하다

❾ Give Jane my best.

제인에게 안부 전해줘.

언제? 대신 안부인사를 부탁할 때

아하~ give someone my best ~에게 안부를 전하다
(give someone my best wishes의 줄임말로서 '최고의 행운을 빈다'는 의미)

A **Give Jane my best.**
제인에게 안부 전해줘.

B Oh, how about calling her yourself? I'll give you her number.
오, 직접 전화 걸어보지 그래? 걔 전화번호 줄게.

❿ How are you holding up?

지낼 만하냐?

언제? 잘 버티고 있는지 관심을 보일 때

아하~ hold up 견디다, 버티다

직역 어떻게 견디고 있어?

A **How are you holding up?** I heard you got fired.
지낼 만하냐? 해고됐다며.

B I'm hanging in there.
그럭저럭 버티고 있어.

*get fired 해고당하다 | hang in there 버티다, 견디다

❶ She's my type.

그녀는 내 타입이야.

언제? 왠지 끌리는 여자를 두고 말할 때
아하~ my type 내 타입
잠깐! 내 이상형에 들어맞는다는 뉘앙스

A Let's see. Wow, they are all pretty!
어디 보자. 와, 모두 예쁜데!

B I like her the best. **She's my type.**
난 이 여자가 제일 마음에 들어. **내 타입이야.**

❷ I have my eyes on her.

내가 저 여자 찍었어.

언제? 마음에 드는 여자를 발견했을 때
아하~ have one's eyes on ~를 주시하다
직역 나는 그 여자에게서 눈을 뗄 수가 없다.

A What are you gawking at?
뭘 이리도 멍하니 바라보는 거야?

B Oh, Jessica from downstairs. **I have my eyes on her.**
아, 아래층의 제시카. **내가 저 애 찍었어.**

*gawk at ~을 얼빠진 듯이 바라보다

❸ I have a crush on her.

걔한테 홀딱 반했어.

언제? 마음을 송두리째 빼앗긴 상태일 때
아하~ have a crush on ~에게 반하다

A Help me out, man. It's about Veronica. **I have a crush on her.**
나 좀 도와주라. 베로니카 때문이야. **걔한테 홀딱 반했어.**

B What? She's my little sister!
뭐라고? 내 여동생을!

❹ I met my Mr. Right.

내 이상형을 만났어.

언제? 꿈꾸던 사람을 찾았을 때
아하~ my Mr. Right 내 (남자) 이상형
(cf. my Miss Right 내 (여자) 이상형)

A Why are you so excited?
왜 이렇게 흥분한 거야?

B Guess what happened today? **I met my Mr. Right.**
오늘 어떤 일이 있었게? **내 이상형을 만났어.**

❺ We really hit it off.

우린 죽이 정말 잘 맞았어.

언제? 서로 편하고 말이 잘 통했을 때
아하~ hit it off 죽이 잘 맞다 (서로 하이파이브하는 모습)

A Wow! **We really hit it off** today, right?
우와! 오늘 **우리 죽이 정말 잘 맞았어,** 그치?

B Yeah, I know! Hey, should we exchange phone numbers?
그러게! 참, 우리 전화번호 교환할까?

❻ We're a match made in heaven.

우린 천생연분이야.

언제? 하늘이 맺어준 인연이라고 할 때
아하~ a match made in heaven 천생연분

A Anna, I think **we're a match made in heaven.**
애나, 내 생각엔 **우린 천생연분이야.**

B Umm, isn't it too early to say that?
음, 그렇게 말하기엔 너무 이르지 않니?

❼ What do you see in him?

걔 어디가 좋아?

언제? 왜 그에게 끌리는지 궁금할 때
아하~ see in someone ~의 장점을 보다
잠깐! 장점이 뭐가 보이냐는 뉘앙스

A I don't get you. **What do you see in him?**
이해가 안 된다. 얘, **걔 어디가 좋아?**

B He's got a big heart.
걘 마음이 넓어.

*get 이해하다 | have got a big heart 마음이 넓다
(have got은 have의 구어체 표현)

❽ He hit on me.

저 남자가 나한테 집적거렸어.

언제? 모르는 남자가 귀찮게 들러붙을 때
아하~ hit on (끌리는 이성에게) 집적거리다, 수작을 걸다

A Brian, the guy wearing the red cap, **he hit on me.**
브라이언, 빨간 모자 쓴 저 남자 말이야. **나한테 집적거렸어.**

B What? You just stay here.
뭐라고? 여기서 잠깐 있어봐.

❾ Stop flirting with her.

그 여자한테 작업 걸지 마.

언제? 감히 내 여자에게 작업을 거는 남자에게
아하~ flirt with (이성에게) 작업 걸다, 집적거리다

A Hey, mister! That's my wife. **Stop flirting with her.**
이봐, 형씨! 내 아내거든. **그 여자한테 작업 걸지 마.**

B She's not wearing a wedding ring, is she?
결혼반지도 안 끼고 있잖아, 안 그래?

❿ Don't play hard to get.

튕기지 좀 마.

언제? 상대방이 비싸게 굴 때
아하~ play hard to get (얻기 어렵게 굴면서) 튕기다, 비싸게 굴다

A No, I won't date you. I have to go now.
싫어. 너랑은 데이트 안 한다니까. 나 가봐야 해.

B Hey, Linda! **Don't play hard to get.** I know you like me.
야, 린다! **튕기지 좀 마.** 네가 나 좋아하는 거 다 알아.

❶ Do you want to go out with me?

나랑 사귈래?

언제? 대놓고 사귀자고 대시할 때
아하~ go out with ~와 사귀다

A I know this is sudden, but **do you want to go out with me?**
갑작스러운 건 알지만, **저랑 사귈래요?**

B I'm married.
저 결혼했어요.

❷ Are you seeing anyone?

누구 만나는 사람 있어요?

언제? 골키퍼 있는지 확인할 때
아하~ see (사귀는 사이로) 만나다

A Just curious... **Are you seeing anyone?**
그냥 궁금해서 그런데… **누구 만나는 사람 있어?**

B As a matter of fact, yes. It's your friend Henry.
실은 있어. 네 친구 헨리야.

*as a matter of fact 실은

❸ I'm involved with someone.

사귀는 사람이 있어요.

언제? 애인이 있다며 데이트 신청을 거절할 때
아하~ be involved with ~와 사귀다

A Care for a drink with me tonight?
오늘밤 저랑 한잔할래요?

B Sorry. **I'm involved with someone** already.
미안해요. 이미 **사귀는 사람이 있어요.**

*(Would you) Care for ~? ~할래요?

❹ Fix me up with someone.

나 누구 소개 좀 시켜줘.

언제? 소개팅시켜 달라고 조를 때
아하~ fix A up with B A를 B와 소개시켜 주다
잠깐! I have a blind date. 나 소개팅 있어.

A It's Valentine's Day soon! **Fix me up with someone.**
곧 발렌타인데이잖아! **나 누구 소개 좀 시켜줘.**

B Sorry. I don't feel like it.
미안. 그럴 기분이 들지 않네.

❺ She's out of your league.

그 애는 네 수준 밖이야.

언제? 못 올라갈 나무는 쳐다보지도 말라고 할 때
아하~ out of one's league ~의 수준을 벗어나는

A Should I ask Jiyeong out?
지영이한테 사귀자고 해볼까?

B Hey, hey. **She's out of your league.**
야, 야. **그 애는 네 수준 밖이야.**

❻ He's husband material.

그는 좋은 신랑감이네.

언제? 남편감으로 아주 좋아 보이는 남자를 두고 말할 때
아하~ husband material 신랑감

A I quite like William. **He's husband material.**
윌리엄이 참 마음에 든다. **좋은 신랑감이네.**

B Mom! He already has a girlfriend.
엄마! 걘 이미 여자친구가 있다고요.

❼ They're an item.

쟤네 사귀잖아.

언제? 사귀는 연인을 가리킬 때
아하~ be an item 사귀고 있다 ('한 세트다'라는 의미)

A Hey, John and Tina are kissing!
엇, 존과 티나가 키스하고 있네!

B Oh, didn't you know? **They're an item.**
아, 몰랐어? **쟤네 사귀잖아.**

❽ We're going steady.

우린 잘 사귀고 있어.

언제? 연애전선에 아무 문제 없다고 말할 때
아하~ go steady 꾸준히 사귀다, 정식으로 사귀다
잠깐! Let's go steady. 우리 (정식으로) 사귀자.

A Is something wrong between you and Jeff?
너랑 제프 사이에 무슨 문제 있니?

B No. **We're going steady.**
아니. **우린 잘 사귀고 있어.**

❾ They're a lovey-dovey couple.

쟤네 닭살 커플이야.

언제? 애정표현이 과한 커플을 보고
아하~ lovey-dovey 우스꽝스러울 정도로 애정표현이 달콤한

A There they go again! When will they stop?
쟤네들 또 저런다! 그만 좀 해라.

B **They're a lovey-dovey couple.** Leave them be.
쟤네들 닭살 커플이잖아. 내버려 둬.

❿ I popped the question.

프러포즈를 했어.

언제? 용기 내어 결혼하자고 했을 때
아하~ pop the question 프러포즈하다 (질문을 불쑥 꺼낸다는 뉘앙스)

A I met up with Kristen last night, and **I popped the question.**
어젯밤에 크리스틴을 만났어. 그리고 **프러포즈를 했어.**

B Wow! What did she say?
우와! 걔가 뭐래?

❶ She stood me up.
그 애가 날 바람맞혔어.

언제? 상대가 데이트 약속에 안 나타났다고 할 때
아하~ stood someone up ~를 바람맞혔다
(계속 서 있게 만들었다는 뉘앙스)

A Aren't you supposed to be on a date?
너 데이트 간 거 아니었어?
B **She stood me up.**
그 애가 날 바람맞혔어.

❷ Jane's two-timing them.
제인은 양다리를 걸치고 있어.

언제? 두 사람을 동시에 사귈 때
아하~ two-time 양다리 걸치다

A I feel sorry for Eric and Norman. **Jane's two-timing them.**
에릭과 노먼이 참 안됐어. **제인이 양다리 걸치고 있잖아.**
B What? But Jane's going out with Tom!
뭐라고? 제인은 톰과 사귀던데!

❸ He cheated on me.
걔가 바람을 피웠어.

언제? 강도 높은 바람을 피웠을 때
아하~ cheat on ~를 두고 바람을 피우다 ('상대를 속이다'라는 뜻에서 유래)
잠깐! It was just a fling. 그냥 가벼운 불장난이었어.
(fling 잠깐 동안의 가벼운 바람)

A Your eyes are all puffy! What happened?
눈이 퉁퉁 부었네! 무슨 일이야?
B It's Donald. **He cheated on me.**
도널드 때문에. **걔가 바람을 피웠어.**

❹ They're in a love triangle.
쟤들 삼각관계야.

언제? 두 명이 한 명을 두고 대립각을 세울 때
아하~ love triangle 삼각관계

A Why are they fighting?
쟤네들 왜 치고받고 난리야?
B I'll let you in on a secret. **They're in a love triangle.**
내가 비밀 알려줄게. **쟤들 삼각관계야.**
＊let you in on 네게 ~에 대해 정보를 주다

❺ I have the seven-year itch.
나 권태기야.

언제? 오래된 커플의 위기에 대해 말할 때
아하~ the seven-year itch 권태기
(결혼생활 7년이 되면 권태기가 오는 데서 유래)

A What should I do? **I have the seven-year itch.**
나 어쩌면 좋아? **나 권태기야.**
B How about going on a trip alone? It worked for me.
혼자서 여행 가는 건 어때? 난 도움되던데.
＊work 효과가 있다

❻ I'm through with you.
이제 너랑은 끝이야.

언제? 격하게 이별을 통보할 때
아하~ be through with ~와 관계를 끝내다

A **I'm through with you.**
이제 너랑은 끝이야.
B What? All right. But you owe me money.
뭐라고? 알았어. 그런데 나한테 돈 빌린 것 같아.

❼ I broke up with her.
나 걔랑 깨졌어.

언제? 완전히 헤어졌을 때
아하~ break up with ~와 헤어지다

A Why are you alone? Where's Cindy?
왜 혼자 있어? 신디는 어디 있는데?
B Oh, hi. **I broke up with her.**
아, 안녕. **나 걔랑 깨졌어.**

❽ She dumped Ronald.
걔가 로널드를 찼어.

언제? 한 사람이 일방적으로 관계를 끝냈을 때
아하~ dump (애인을) 차다, 버리다

A Who was that on the phone?
누구 전화었어?
B It was Jessica. **She dumped Ronald.**
제시카였어. **걔가 로널드를 찼다.**

❾ Our love has died.
우린 사랑이 식었어.

언제? 더 이상 사랑이 느껴지지 않을 때
잠깐! I guess this is it. 우린 여기까진가 보다.

A I'm sorry. Let's break up. **Our love has died.**
미안해. 우리 헤어지자. **우린 사랑이 식었어.**
B No. Let's give it one more try.
싫어. 우리 한 번 더 노력해보자.

❿ I'm over her.
난 그 애를 잊었어.

언제? 이별의 아픔을 모두 극복했을 때
아하~ be over (~와의 이별을) 이겨내다, 극복하다

A I have some news to tell you. **I'm over her.**
알려줄 소식이 있어. **난 그 애를 잊었어.**
B Hurray! Let's go grab a beer.
만세! 맥주 한잔하러 가자.

❶ I feel like a drink.

술이 당기네.

언제? 한잔하고 싶을 때
아하~ feel like ~가 당기다, ~를 하고 싶다

A I feel like a drink. How about some beer?
술이 당기네. 맥주 어때?

B Sure. I know a great place.
좋지. 좋은 데 알고 있어.

❷ Let's go for a drink.

한잔하러 가자.

언제? 술 마시러 가자고 제안할 때
아하~ go for a drink 술 마시러 가다

A I'm so stressed out. Let's go for a drink.
너무 스트레스 받아. 한잔하러 가자.

B As long as you're buying.
네가 산다면야.

＊as long as ~한다면야, ~하는 한

❸ The drinks are on me.

내가 쏠게.

언제? 술값을 내겠다고 할 때
아하~ be on me (돈을) 내가 책임지다
잠깐! It's on me. 이건 내가 쏠게.
It's on the house. (가게에서) 이건 서비스입니다.

A Drink as much soju as you want. The drinks are on me.
마시고 싶은 만큼 소주 시켜. 내가 쏠게!

B How about tequila instead?
소주 말고 테킬라는 어때?

❹ I'm a regular here.

나 여기 단골이야.

언제? 자주 가는 식당이나 술집에 누구를 데리고 갈 때
아하~ regular 단골손님

A Wow, I like this bar. Look at the candles!
우와, 이 술집 마음에 든다. 저 양초들 좀 봐!

B You like it? I'm a regular here.
마음에 드니? 나 여기 단골이야.

❺ The next round's on me.

다음 잔은 내가 살게.

언제? 술 마실 때 잔별로 계산하는 외국의 경우에
아하~ round (사람들에게 한 잔씩 사서) 한 차례 돌리는 술

A The next round's on me. Excuse me!
다음 잔은 내가 살게. 여기요!

B Oh, no! I've had enough.
아냐! 난 그만 마실래.

＊I've had enough. 이만하면 됐다.

❻ Bottoms up!

원샷!

언제? 술잔을 다 비우자는 건배를 제안할 때
잠깐! 술잔의 밑부분(bottom)이 위로(up) 들릴 정도로 쭉 비우라는 뜻

A What are you waiting for? Bottoms up!
왜 이리 뜸을 들여? 원샷!

B Wait! I think I'm going to throw up.
잠깐만! 나 토할 거 같아.

＊throw up 토하다

❼ Let me pour you a drink.

한 잔 따라 드리겠습니다.

언제? 상대에게 술을 따라 주고 싶을 때
아하~ pour 따르다
직역 내가 너에게 술을 따르게 해줘.

A It's an honor to meet you, Dr. Kim. Let me pour you a drink.
만나뵙게 되어 영광입니다. 김 박사님. 제가 한 잔 따라 드리겠습니다.

B Thank you.
고맙네.

❽ Beer agrees with me.

난 맥주 체질이야.

언제? 특정 술이 몸에 잘 받을 때
아하~ agree with (몸에) 잘 받다

A Oh my! This is your fifth can.
어머머! 너 이게 다섯 번째 캔이야.

B You didn't know? Beer agrees with me.
몰랐어? 난 맥주 체질이야.

❾ I'm a poor drinker.

난 술이 약해.

언제? 체질적으로 술이 안 받을 때
아하~ poor 잘 못하는, 형편없는

A Look! Your face is all red.
저런! 너 얼굴이 온통 빨개.

B Yeah, I know. I'm a poor drinker.
응, 알아. 난 술이 약해.

❿ He drinks like a fish.

걔 술고래야.

언제? 아무리 마셔도 안 취하는 사람을 두고 말할 때
잠깐! '말술, 술고래'를 영어에서는 '물고기(fish)'로 표현

A Martin does have one flaw. He drinks like a fish.
마틴에겐 한 가지 흠이 있긴 해. 걔 술고래야.

B You should have told me before!
진작 말해주지 그랬어!

＊flaw (성격적인) 결점, 흠

❶ I feel tipsy.
알딸딸해.

언제? 취기가 오를 때
아하~ tipsy 술이 약간 취한, 알딸딸한

A **I feel tipsy.** I need to get some fresh air.
알딸딸해. 맑은 공기 좀 쐬고 와야겠다.

B Okay. But come back quickly.
알았어. 대신 빨리 갔다 와.

＊get some fresh air 맑은 공기를 좀 쐬다

❷ I need to sober up.
술 좀 깨야겠어.

언제? 술 취한 상태로 있으면 안 될 때
아하~ sober up 술이 깨다

A **I need to sober up.** I can't drive like this.
술 좀 깨야겠어. 이렇게는 운전 못하겠는데.

B Of course you can't! Give me your car keys.
당연히 안 되지! 자동차 열쇠 줘.

❸ I blacked out.
필름이 끊겼어.

언제? 과음으로 기억의 일부가 사라졌을 때
아하~ black out 필름이 끊기다, 잠시 의식을 잃다
잠깐! I totally blacked out last night. 어젯밤 필름이 완전 끊겼어.

A Don't you remember anything?
아무것도 기억 안 나?

B Not really. **I blacked out.** What did I say to you?
응. 필름이 끊겼어. 내가 너한테 뭐라고 했는데?

❹ I have a hangover.
숙취가 있어.

언제? 전날의 과음 때문에 머리가 아플 때
아하~ hangover 숙취
잠깐! I have a serious hangover. 숙취가 너무 심해.

A I'm going home early. **I have a hangover.**
집에 일찍 갈게. 숙취가 있어.

B But what about our date tonight?
하지만 오늘밤 우리 데이트는 어쩌고?

❺ I'm on the wagon.
나 술 끊었어.

언제? 현재 금주 중일 때
아하~ on the wagon 술을 안 마시는, 금주 중인
잠깐! 물을 실은 마차(wagon)에 올라타서 술 대신 물을 마신다는 표현에서 유래

A I feel like a drink. Let's go for a drink.
술이 당기네. 한잔하러 가자.

B No, sorry. **I'm on the wagon.**
안 돼, 미안. 나 술 끊었어.

❻ I'm a heavy smoker.
나 골초야.

언제? 평소 담배를 심하게 많이 피운다고 할 때
아하~ heavy smoker 골초 (cf. light smoker 담배를 조금 피우는 사람)

A Huh? You're smoking again?
뭐야? 또 담배 피워?

B I can't help it. **I'm a heavy smoker.**
어쩔 수 없어. 나 골초야.

❼ I quit smoking.
나 담배 끊었어.

언제? 더 이상 담배를 피우지 않는다고 할 때
아하~ quit 끊다 (= give up)

A Hey, you're looking much healthier! What's your secret?
이야, 너 훨씬 건강해 보인다! 비결이 뭐야?

B Oh, **I quit smoking.** It's been a year now.
아, 나 담배 끊었어. 이제 1년 됐어.

❽ I'm going through withdrawal.
금단현상을 겪고 있어.

언제? 담배를 끊어서 느끼는 고통을 말할 때
아하~ go through (힘든 일을) 겪다
withdrawal (symptoms) 금단현상

A What's with the cold sweat? Are you sick?
웬 식은땀이야? 어디 아프니?

B **I'm going through withdrawal.** It's pretty bad.
금단현상을 겪고 있어. 꽤 심하네.

＊sweat 땀 | pretty 꽤

❾ I have to cut down on my smoking.
담배를 줄여야겠어.

언제? 담배를 덜 피워야겠다고 할 때
아하~ cut down on ~의 개수를/양을 줄이다

A Did you go to the hospital?
병원 갔다 왔니?

B Yeah. **I have to cut down on my smoking** from now on.
응. 지금부터 담배를 줄여야겠어.

＊from now on 지금부터, 이제부터

❿ Let's vape.
전자담배 피우자.

언제? 전자담배를 제안할 때
아하~ vape 전자담배를 피우다
(전자담배를 상징하는 vapor(수증기)에서 유래)

A Man, I've run out of cigarettes.
이런, 담배가 떨어졌네.

B Don't worry. I have this. **Let's vape.**
걱정 마. 이게 있어. 전자담배 피우자.

＊run out of A A가 다 떨어지다

▶ 〈모의고사 13회〉 정답입니다.

❶ Is now a good time?

지금 시간 괜찮아?

언제? 대화 나누기 괜찮은지 확인할 때
아하~ good time 적절한 시간
잠깐! now가 주어로 쓰인 표현

A Professor? **Is now a good time?**
교수님? 지금 시간 괜찮으세요?
B Yes, of course. Please come in.
오, 물론이지. 들어오게나.

❷ We need to talk.

우리 얘기 좀 해.

언제? 의논할 일이 있을 때
아하~ need to do ~해야 할 필요가 있다

A Andy! **We need to talk.**
앤디! 우리 얘기 좀 해.
B Oh, no! What's the result?
앗! 결과가 뭐래?

❸ Let's talk face to face.

직접 만나서 얘기하자.

언제? 전화·온라인이 아니라 대면하자고 할 때
아하~ face to face 직접 만나서 얼굴을 맞대고

A Rachel, come on out. **Let's talk face to face.**
레이첼, 나와라. 직접 만나서 얘기하자.
B Only when you've sobered up.
너 술 깼으면.

❹ I've been meaning to tell you.

너에게 해주고 싶었던 말이 있어.

언제? 마음에 품고 있던 말을 꺼낼 때
아하~ mean to do ~할 의도가 있다
잠깐! 전부터 계속 말해주고 싶었다는 뉘앙스이므로 현재완료 진행형 사용

A Why the serious face? Is there something wrong?
왜 심각한 표정이야? 뭐 안 좋은 일 있어?
B **I've been meaning to tell you.** Andy has cancer.
너에게 해주고 싶었던 말이 있어. 앤디가 암에 걸렸어.

❺ Could you give us some privacy?

자리 좀 비켜 줄래요?

언제? 둘이서만 얘기하고 싶을 때
아하~ privacy 사생활
잠깐! Not here. In private. 여기서 말고, 둘이서만 (얘기하자).

A Excuse me. **Could you give us some privacy?**
죄송한데요. 자리 좀 비켜 주실래요?
B Sure. I'll wait outside.
물론이죠. 밖에서 기다릴게요.

❻ I'll be frank with you.

솔직하게 말할게.

언제? 말을 빙빙 돌리지 않고 말하겠다고 할 때
아하~ be frank with ~에게 솔직하다
잠깐! I'll level with you. 솔직하게 털어놓을게.

A What do you want to say to me?
나한테 뭐 말하고 싶은데?
B **I'll be frank with you.** I'm in love with you.
솔직하게 말할게. 나 너 사랑해.

❼ Let's come clean.

우리 솔직해지자.

언제? 말을 빙빙 돌리는 상대방을 회유할 때
아하~ come clean 솔직해지다

A **Let's come clean.** We both like each other, right?
우리 솔직해지자. 우린 서로 좋아하고 있잖아. 그치?
B Not like that, I'm afraid.
미안하지만, 그건 아닌 것 같아.

❽ Don't sugar coat it.

사탕발림하지 마.

언제? 듣기 좋으라고 꾸며서 말하는 사람에게
아하~ sugar coat 사탕발림하다 (설탕을 입힌다(coat)는 의미)

A Man, the surgery went so well! You look ten years younger.
이야, 수술 정말 잘됐다! 10살은 어려 보이는데.
B Hey. **Don't sugar coat it.** Tell me the truth.
야. 사탕발림하지 마. 사실대로 말해.

❾ Sorry to rain on your parade.

초쳐서 미안해.

언제? 들떠 있는 사람에게 나쁜 소식을 전할 때
아하~ rain on your parade 분위기 깨다, 초치다
잠깐! 준비한 행사(parade)에 비를 뿌리는(rain) 격

A This is a sure-fire success! Ha, ha, I'm going to be rich!
이건 따 놓은 당상이다! 하하. 난 부자가 될 거야!
B **Sorry to rain on your parade,** but it's not going to work.
초쳐서 미안한데, 될 리가 없어.

*sure-fire success 확실한 성공

❿ Don't turn a blind eye.

알면서 모른 척하지 마.

언제? 알밉게 모른 척하는 사람에게
아하~ turn a blind eye 외면하다, 모르는 척하다
잠깐! 알면서도 눈을 감아버리는 것에 비유

A What are you waiting for? **Don't turn a blind eye.**
뭘 꾸물대? 알면서 모른 척하지 마.
B Sorry, I'll report it right away.
죄송해요, 바로 보고할게요.

❶ I don't buy it.

못 믿겠어.

언제? 방금 들은 말에 믿음이 안 갈 때
야하~ buy (특히 사실 같지 않은 것을) 믿다

A I'm Fred's twin brother. Can't you see?
내가 프레드의 쌍둥이 형이야. 보면 모르겠니?

B Ha! **I don't buy it.** He's an only child.
쳇! 못 믿겠어. 걔는 외동이야.

*only child 외동

❷ What's up your sleeve?

무슨 꿍꿍이야?

언제? 다른 속셈이 있는 것 같을 때
잠깐! 소매(sleeve)에 뭔가를 감추기 좋은 데서 유래

A Why are you suddenly being nice to me? **What's up your sleeve?**
왜 갑자기 나한테 상냥하지? 무슨 꿍꿍이야?

B Nothing, my dear. You can trust me this time.
아무것도 아니야, 자기야. 이번에는 날 믿어도 돼.

❸ You can't be serious!

농담이지?

언제? 믿기지 않아 다시 확인할 때
야하~ serious 진지한, 심각한
직역 넌 진지할 리가 없어!

A Jump from here? **You can't be serious!**
여기서 뛰어내리라고? 농담이지?

B Stop whining. Just do it.
징징대지 좀 마. 그냥 뛰어.

❹ You can count on me.

날 믿어도 돼.

언제? 나는 믿을 만한 사람이라고 말할 때
야하~ count on ~를 믿다/의지하다

A Will you keep it a secret?
비밀로 해줄 거지?

B Of course! **You can count on me.**
물론이지! 날 믿어도 돼.

❺ I give you my word.

약속해.

언제? 내뱉은 말은 꼭 지킨다고 할 때
야하~ give one's word 약속하다

A Will you come back for me?
날 데리러 올 거지?

B Of course! **I give you my word.**
물론이지! 약속해.

❻ I'll take your word for it.

네 말을 믿을게.

언제? 네가 하는 말을 의심하지 않겠다고 할 때
야하~ take one's word ~의 말을 믿다

A I'll pay you back by tomorrow. I swear!
내일까지 돈 갚을게요. 맹세하다니까요!

B Okay. **I'll take your word for it.**
알았어. 네 말을 믿을게.

❼ I'm not making it up.

지어내는 말이 아니야.

언제? 거짓말이라고 의심받을 때
야하~ make something up ~를 지어내다, 만들어내다

A You said you saw a UFO?
UFO를 목격했다고?

B Yes, yes! **I'm not making it up.**
네네! 지어내는 말이 아니에요.

❽ There are no strings attached.

다른 뜻은 없어.

언제? 숨겨진 다른 의도는 없다며 안심시킬 때
잠깐! 다른 속셈의 끈(strings)이 붙어 있지(attached) 않다는 뜻

A Here, take the money. **There are no strings attached.**
자, 돈을 가져가. 다른 뜻은 없어.

B Really? Gosh, thank you. You're very kind.
정말요? 우와, 고마워요. 참 친절하시네요.

❾ Just to let you know.

그냥 알고 있으라고.

언제? 상대가 묻지 않았지만 알려주고 싶을 때
야하~ let you know 너에게 알려주다
잠깐! 여기서 to는 '~하려고'란 의미로, 목적을 나타낸다.

A Ted's quitting tomorrow. **Just to let you know.**
테드가 내일 관둔대. 그냥 알고 있으라고.

B Oh, that? I know already.
아, 그거? 나도 알아.

❿ You deserve to know.

넌 알 자격이 있어.

언제? 너야말로 알고 있어야 마땅하다고 할 때
야하~ deserve to do ~할 자격이 있다

A I won't open this letter. Leave me alone!
이 편지를 안 열어볼 거야. 날 좀 내버려둬!

B No, Sarah. **You deserve to know.**
그러면 안 돼, 사라. 넌 알 자격이 있어.

▶〈모의고사 14회〉 정답입니다.

❶ Hear me out.

내 얘기 좀 들어봐.

언제? 내 처지를 하소연하고 싶을 때
아하~ hear someone out ~의 말을 끝까지 들어주다

A Why are you drinking alone?
왜 혼자 술을 마시고 있어?

B Oh, good. **Hear me out.** I was...
아, 잘됐다. **내 얘기 좀 들어봐.** 내가…

❷ I'm all ears.

듣고 있으니 말해봐.

언제? 상대의 이야기를 들을 준비가 됐을 때
잠깐! 귀의 감각이 100% 집중된 상태라는 뉘앙스

A I have some surprising news to tell you.
네게 말해줄 깜짝 소식이 있어.

B Oh, great! Go on. **I'm all ears.**
어머, 신나라! 어서. **듣고 있으니 말해봐.**

＊Go on. 하려고 하던 거 어서 계속하라는 의미

❸ Come again?

뭐라고?

언제? 상대의 말을 못 알아들었을 때
잠깐! 친한 사이에 격의 없이 쓰는 표현

A **Come again?**
뭐라고?

B I said, "It's too loud in here."
"여긴 너무 시끄럽다."고 말했어.

❹ I beg your pardon?

다시 한 번 말씀해 주실래요?

언제? 상대의 말을 못 알아들었을 때
잠깐! Come again?의 예의 바른 버전

A Sorry, Professor. **I beg your pardon?**
죄송해요, 교수님. **다시 한 번 말씀해 주실래요?**

B I said, "You are not paying attention in class."
"너 수업에 집중 안 하는구나."라고 말했단다.

＊pay attention 주의를 기울이다

❺ You have good hearing.

너 귀가 밝구나.

언제? 유난히 소리를 잘 듣는 사람에게
아하~ have good hearing 귀가 밝다

A Hey! Isn't that a cat crying in the basement?
엇! 지하실에서 고양이가 울고 있는 것 같은데?

B Really? **You have good hearing.** Let's go and find out.
정말? **너 귀가 밝구나.** 가서 알아보자.

❻ It's a piece of cake.

식은 죽 먹기야.

언제? 쉽다는 것을 강조할 때
아하~ piece of cake 식은 죽 먹기
잠깐! 쉽다는 것을 우리는 '식은 죽', 영어에서는 '케이크'로 표현

A Follow my lead. **It's a piece of cake.**
나 따라 해봐. **식은 죽 먹기야.**

B No, scuba diving is too scary.
싫어. 스쿠버다이빙은 너무 무서워.

❼ I'll be brief.

금방 끝나.

언제? 오래 끌지 않겠다고 안심시킬 때
아하~ brief (시간이) 짧은, 간단한

A How long are you going to take?
얼마나 걸릴 거예요?

B Don't worry. **I'll be brief.** Now, look over here.
걱정 마. **금방 끝나.** 자, 여기 좀 봐.

❽ Let me rephrase that.

다시 설명할게.

언제? 뜻을 분명히 전달하려고 바꿔 말할 때
아하~ rephrase (좀 더 쉬운 말로) 바꾸어 다시 말하다

A What do you mean? You're confusing me.
무슨 말이야? 헷갈리잖아.

B I'm sorry. **Let me rephrase that.**
미안해. **다시 설명할게.**

＊confusing 헷갈리게 하는

❾ How should I put it?

어떻게 말하면 좋을까?

언제? 적당한 표현을 생각하며 뜸 들일 때
아하~ put (특정한 방식으로) 표현하다
잠깐! How should I ~?는 '어떻게 ~하면 좋을까?'란 의미의 유용한 패턴

A You are... **How should I put it?** Like the air I breathe.
넌… **어떻게 말하면 좋을까?** 내게 산소 같은 존재야.

B Chris, enough of this, please. Sober up!
크리스, 이런 거 그만해, 제발. 술 좀 깨!

❿ I'll elaborate.

좀 더 자세히 말해줄게.

언제? 구체적으로 추가설명 해줄 때
아하~ elaborate 더 자세히 말하다

A I'm still confused about your theory, Professor.
아직도 교수님의 이론이 헷갈립니다.

B Oh, okay. **I'll elaborate.**
오, 알겠네. **좀 더 자세히 말해주지.**

＊confused 헷갈리는

❶ I get it!
알겠다!

언제? 갑자기 이해됐을 때
아하~ get 이해하다

A What can this mean?
이게 무슨 뜻일까?

B Oh, **I get it!** She's in love with you.
아, **알겠다!** 그녀는 널 사랑하고 있어.

＊be in love with ~를 사랑하다, ~한테 사랑에 빠지다

❷ Point taken.
무슨 말인지 알겠어.

언제? 반대·비판하는 상대의 의견을 받아들일 때
잠깐! 요점(point)을 받아들였다(taken)는 뉘앙스

A Your suggestion will just anger them more.
너의 제안은 그들을 더 화나게 할 뿐이야.

B **Point taken.** I won't mention it.
무슨 말인지 알겠어. 말하지 않을게.

＊mention 언급하다

❸ It's crystal clear now.
이제야 확실히 알겠어.

언제? 퍼즐이 맞춰지듯 머릿속이 정리될 때
아하~ crystal clear 매우 맑은, 정말 분명한
잠깐! 수정(crystal)같이 맑아서(clear) 명백하고 쉽다는 뉘앙스

A Did I help?
내가 도움이 됐니?

B Yes, you did. **It's crystal clear now.**
응, 도움이 됐어. **이제야 확실히 알겠어.**

❹ It's not rocket science.
그리 어렵지 않아.

언제? 누구나 이해할 수 있는 수준일 때
잠깐! 고도의 지능이나 기술을 요하는 일(rocket science)이 아니라는 의미

A Oh, no! It looks very difficult!
아이고! 너무 어려워 보인다!

B **It's not rocket science.** Here, press this first.
그리 어렵지 않아. 자, 이걸 먼저 눌러.

❺ I'm sure you'll understand.
네가 이해해 주리라 믿어.

언제? 나의 사정을 헤아려줄 거라는 믿음을 표현할 때
잠깐! '네가 ~하리라 믿어'는 I'm sure you'll ~ 패턴을 이용할 것

A I have to go now. It's my son, he's sick. **I'm sure you'll understand.**
나 이제 가봐야 해. 아들이 아파서. **이해해 주리라 믿어.**

B Oh, of course. Don't worry. Just go.
오, 물론이지. 걱정 마. 어서 가.

❻ I don't follow you.
무슨 말인지 이해가 안 돼.

언제? 상대방 말을 계속 듣다 보니 이해가 안 될 때
아하~ follow (내용을) 이해하다, 따라잡다

A Ha, ha, ha! So funny, right?
아하하! 너무 웃긴다. 그치?

B **I don't follow you.** Why's it funny?
무슨 말인지 이해가 안 되네. 그게 왜 웃겨?

❼ I haven't got a clue.
전혀 짐작이 안 가.

언제? 단 하나의 실마리도 없을 때
아하~ get a clue 실마리를 얻다, 짐작이 가다 (clue 단서, 실마리)

A Mr. Holmes, do you think you know who did it?
홈즈 씨, 누가 그랬는지 아시겠습니까?

B **I haven't got a clue.**
전혀 짐작이 안 가네요.

❽ I don't get you.
도대체 너란 사람을 모르겠어.

언제? 도무지 상대를 이해할 수 없을 때
아하~ get 이해하다

A **I don't get you.** Why did you give the money away?
도대체 너란 사람을 모르겠어. 왜 돈을 줘버렸는데?

B I just felt like it.
그냥 그러고 싶었어.

❾ I can't make heads or tails of it.
갈피를 못 잡겠어.

언제? 도대체 뭐가 뭔지 이해가 안 될 때
직역 어디가 머리고 어디가 꼬리인지 모르겠어.

A **I can't make heads or tails of it.** I should quit.
갈피를 못 잡겠어. 포기할까 봐.

B It's too early to quit. I'll help you.
포기하긴 너무 일러. 내가 도와줄게.

❿ I'm not in your shoes.
내가 네 입장은 아니잖아.

언제? 서로 입장이 달라서 대립할 때
아하~ be in your shoes 네 입장에 있다 (shoes가 '입장'을 상징)
잠깐! If I were in your shoes I would ~ 나라면 ~하겠다

A Can't you be more lenient?
좀 더 관대해질 수는 없는 거야?

B I'm sorry. **I'm not in your shoes.**
미안해. **내가 네 입장은 아니잖아.**

＊lenient (처벌·규칙 적용이) 관대한

35

▶〈모의고사 15회〉정답입니다.

❶ It's just a hunch.
그냥 직감이야.

언제? 논리와 상관없이 느낌으로 판단할 때
아하~ hunch 직감, 육감, 예감
잠깐! (It's) Just a hunch. 그냥 예감이/촉이 그래.

A Why are we looking here first?
왜 여기 먼저 보는 거죠?

B **It's just a hunch.** Hurry up and open the door.
직감이지 뭐. 어서 문이나 열어.

❷ I get the picture.
무슨 말인지 알겠다.

언제? 다 말해주지 않아도 상황 파악이 될 때
아하~ get 이해하다
잠깐! 머릿속에 그림(picture)이 그려지듯 이해가 된다는 뉘앙스

A So... you know...
그래서… 그러니까 말이야…

B Oh, **I get the picture.** No worries. I'll help you.
아, **무슨 말인지 알겠다.** 걱정 마. 도와줄게.

❸ You read my mind.
내 마음을 읽었네.

언제? 말하지 않았는데도 상대가 내 뜻을 알아챘을 때
잠깐! mind는 머리로 하는 '생각, 마음'을 뜻한다. 감정 및 정서 상의 '마음'은 heart이다.

A Here, I brought you a cup of hot chocolate.
자, 따끈한 코코아 한 잔 가져왔어.

B Wow! **You read my mind.** Let's take five.
우와! **내 마음을 읽었네.** 잠깐 쉬자.

*take five 5분간 쉬다 ➡ 잠깐 쉬다

❹ I get the hang of it.
감 잡았어.

언제? 시행착오 끝에 방법에 익숙해졌을 때
아하~ get the hang of 감을 잡다
➡ ~할 줄 알게 되다, (어떤 일의) 요령을 익히다

A Ah ha! Now **I get the hang of it.** Thanks.
아하! 이제 **감 잡았어.** 고마워.

B Really? You'll be fine on your own?
그래? 혼자 괜찮겠어?

*on one's own 혼자 힘으로

❺ I can take a hint.
눈치챘어.

언제? 눈치껏 말뜻을 알아들었을 때
아하~ take a hint 눈치채다

A Okay, okay. **I can take a hint.** I'll clear out by tomorrow.
알았다니까. **눈치챘어.** 내일까지 방 뺄게.

B I hope we can still be friends.
계속 친구로 남았으면 해.

*clear out (급히) 떠나다

❻ Something's fishy.
뭔가 수상해.

언제? 미심쩍은 느낌이 들 때
아하~ fishy 수상한, 수상한 냄새가 나는
잠깐! It smells fishy. 수상해.

A What's this wallet doing here?
이 지갑이 왜 여기 있지?

B Just leave it. **Something's fishy.**
그냥 놔두자. **뭔가 수상해.**

❼ It strikes me as odd.
좀 이상하게 느껴져.

언제? 머리를 갸우뚱거리며
아하~ strike me as ~ 내게 ~하게 와 닿다 | odd 이상한
잠깐! strike는 순간적으로 어떤 생각이 든다거나, 어떤 인상을 받는다는 어감

A Something wrong, detective?
뭐가 잘못됐나요, 탐정님?

B Yes. **It strikes me as odd** that he left the door open.
네. 그가 문을 열어놓고 간 게 **좀 이상하게 느껴져요.**

❽ I have a bad feeling about this.
불길한 예감이 들어.

언제? 뭔가 안 좋은 예감이 들 때
아하~ bad feeling 불길한 예감

A Should we knock on the door?
문을 노크해볼까?

B No. Let's just go. **I have a bad feeling about this.**
아냐. 그냥 가자. **불길한 예감이 들어.**

❾ I figured as much.
그럴 줄 알았어.

언제? 예상했었다고 냉소적으로 말할 때
아하~ I figured ~ (~일 거라고) 생각했다 | as much 그만큼, 그럴 거라고
잠깐! It figures. 그럴 줄 알았어.

A I don't want to be your business partner anymore.
너와의 동업을 그만두고 싶어.

B **I figured as much.** You've been avoiding me lately.
그럴 줄 알았어. 너 요즘 나를 피하고 다녔잖아.

❿ I was way off the mark.
내 예상이 빗나갔어.

언제? 예상과 다른 결과가 나타났을 때
아하~ way off the mark 예상이 빗나간, 과녁(mark)을 빗나간

A I'm sorry about the bet yesterday. **I was way off the mark.**
어제 내기는 미안해. **내 예상이 빗나갔어.**

B I was a fool to trust you.
너를 믿은 내가 바보지.

*bet 내기

❶ Sounds like a plan.
그거 좋은 생각인데.

언제? 멋진 제안에 흔쾌히 찬성할 때
아하~ (That) Sounds like ~ ~처럼 들리다, ~인 것 같다
직역 좋은 생각(plan)처럼 들린다.

A How about a cold beer after the sauna?
사우나 끝내고 시원한 맥주 어때?
B **Sounds like a plan.**
그거 좋은 생각인데.

❷ That makes sense.
그거 말 되네.

언제? 상대방 말이 논리적이고 설득력 있을 때
아하~ make sense 말이 되다, 이치에 맞다
잠깐! You have a point there. 그거 일리 있네.
(have a point 일리가 있다)

A That's why Sonia dumped him.
그래서 소니아가 걔를 찬 거야.
B Ah-ha! **That makes sense.**
아하! 그거 말 되네.

❸ In a way.
어느 정도는.

언제? 상대방 주장에 부분적으로 찬성할 때
아하~ in a way 어느 정도는, 어떤 면에서는

A Do you agree with the terms?
조건에 동의하시나요?
B **In a way.**
어느 정도는요.

❹ You could say that.
그렇다고 볼 수 있지.

언제? 상대방 말이 얼추 맞는 것 같을 때
직역 당신은 그렇게 말할 수 있지요.

A Are all these people your followers?
이 모든 사람들이 당신의 제자들인가요?
B **You could say that.**
그렇다고 볼 수 있지요.

❺ I'll second that.
나도 동의해.

언제? 상대방 주장에 즉각 동의할 때
아하~ second (주장, 제안 등을) 지지하다
잠깐! 두 번째(second)로 동의하는 모습

A I believe we need more gender equality.
난 남녀평등이 더 필요하다고 생각해.
B **I'll second that.**
나도 동의해.

＊gender equality 양성 평등

❻ That's what I mean.
내 말이 그 말이라니까.

언제? 상대방 주장에 전적으로 동의할 때
아하~ what I mean 내 말이 의미하는 것
잠깐! 상대방이 우쭐해지는 표현이다.

A I can't trust Mary. She's so selfish.
메리를 못 믿겠어. 걘 너무 이기적이야.
B **That's what I mean.**
내 말이 그 말이라니까.

❼ You can say that again.
두말하면 잔소리지.

언제? 너무나 당연한 얘기를 듣고
잠깐! '너 말 한번 잘했다.' '전적으로 동의해.'라는 의미

A Tom's late again. He's so lazy.
톰이 또 늦네. 걘 정말 게을러빠졌어.
B **You can say that again.**
두말하면 잔소리지.

❽ I know what you mean.
무슨 말인지 알아.

언제? 상대의 말뜻을 이해한다고 맞장구 칠 때
아하~ what you mean 네 말이 의미하는 것

A I hate Monday mornings.
월요일 아침이 너무 싫어.
B **I know what you mean.** I dread getting up.
무슨 말인지 알아. 일어나기가 끔찍해.

＊dread 몹시 두려워하다 | get up (잠자리에서) 일어나다

❾ That makes two of us.
나도 그래.

언제? 같은 생각이라며 동감을 표할 때
직역 그런 사람이 우리 둘이 되네.

A I wish we could just go home. I'm hungry.
그냥 집에 갈 수 있으면 좋겠어. 배고파.
B **That makes two of us.** What time is it?
나도 그래. 지금 몇 시야?

❿ I'm not with you on that.
그 점은 동의할 수 없어.

언제? 특정 부분에 대해서 의견이 다를 때
아하~ on that 그 점에 대해서는, 그 점에 있어서는
잠깐! 반대 의견을 부드럽게 말하는 방법이므로 서로 덜 무안해진다.

A I wish the government would fill up this lake.
정부가 이 호수를 매립했으면 좋겠어.
B **I'm not with you on that.**
그 점은 동의할 수 없어.

＊fill up 메우다, 메꾸다

❶ I'm game.

나도 할래.

언제? 같이 하자는 제안에 찬성할 때
이하~ game (뭔가를 할) 용기/투지/의지가 있는
잠깐! 게임에 참여한다는 뉘앙스

A How about going on a mountain hike?
등산 가는 거 어때?
B What a great idea! **I'm game.**
그거 좋은 생각인데! **나도 갈래.**

*go on a mountain hike 등산 가다

❷ Count me out.

난 빼줘.

언제? 나는 하기 싫으니 빠지겠다고 할 때
이하~ count ~ out (어떤 활동에서) ~를 빼다
잠깐! Count me in. 나도 끼워줘.

A It's poker night tomorrow. Are you coming?
내일 포커 치는 날인데. 너 오니?
B **Count me out.** I have a date.
난 빼줘. 데이트가 있어.

❸ Are you in?

너도 낄래?

언제? 같이 하겠냐고 의중을 물어볼 때
잠깐! I'm in. 나도 낄래. | I'm out. 난 빠질래. 난 안 해.

A We're going to play basketball after school. **Are you in?**
우리 수업 마치고 농구할 건데. **너도 낄래?**
B I'd love to, but I can't. I already have plans.
마음은 굴뚝같지만, 그럴 수가 없네. 선약이 있어.

❹ Can I tag along?

나도 따라가도 돼?

언제? 다른 사람을 따라가고 싶을 때
이하~ tag along (부탁하거나 초대하지 않는데도 꼬리표(tag)처럼) ~를 따라가다

A You're going to Hawaii? Uncle Sid! **Can I tag along?**
하와이에 가신다고요? 시드 삼촌. **나도 따라가도 돼요?**
B No, your mom won't let you.
안 돼. 너희 엄마가 허락하지 않을 걸.

❺ Are you up to it?

각오는 되어 있어?

언제? 할 마음이 있는지 확인할 때
이하~ be up to (육체적·정신적으로) ~할 준비가 되어 있다

A Many people have died trying this. **Are you up to it?**
많은 사람들이 이걸 시도하다가 목숨을 잃었는데. **각오는 되어 있어?**
B Yes, I have made up my mind.
응. 결심했어.

*make up one's mind 결심하다

❻ I'm not up to it.

마음의 준비가 안 됐어.

언제? 마음의 준비를 할 시간이 필요할 때
잠깐! 단순히 하고 싶지 않은 마음을 나타낼 때도 쓴다.

A Hey, she's arrived. Act natural.
야, 그 여자가 도착했어. 자연스럽게 행동해.
B Oh, no. **I'm not up to it.**
아, 이런. **마음의 준비가 안 됐어.**

❼ That rules me out.

그럼 나는 해당이 안 되네.

언제? 조건을 들어보니 해당사항이 없을 때
이하~ rule ~ out ~를 배제하다

A The murderer is definitely a man.
살인자는 남자인 게 확실합니다.
B Phew! **That rules me out.**
휴! **그럼 나는 해당이 안 되네.**

❽ I know it's not my place.

내가 끼어들 일이 아닌 거 알아.

언제? 남의 일에 간섭하면서 양해를 구할 때
직역 여기가 내 자리가 아니란 걸 알아.

A How can Ryan do this to me?
어쩜 라이언이 나한테 이럴 수가 있지?
B **I know it's not my place**, but just ignore him.
내가 끼어들 일이 아닌 건 알지만, 그냥 걔를 무시해버려.

*ignore 무시하다

❾ I'll take a rain check.

다음에 하자.

언제? 지금 어렵다며 다음을 기약할 때
이하~ take a rain check 다음으로 연기하다 (우천 시 야구경기가 취소된 경우 다음 경기를 관람할 수 있는 교환권을 받은 데에서 유래)

A Let's go to a ball game this Saturday.
이번 주 토요일에 야구 보러 가자.
B Sorry. **I'll take a rain check.** I have to go to a funeral.
미안해. **다음에 하자.** 장례식에 가야 해.

❿ You wanna bet?

내기할래?

언제? 결과를 예측하며 내기를 제안할 때
이하~ You wanna ~? ~할래? (Do you want to ~?의 줄임말) bet 내기하다

A I'm sure you won't pass the bar exam.
네가 변호사 시험에서 떨어질 거라고 봐.
B **You wanna bet?** And if I do, let's get married.
내기할래? 그리고 내가 붙으면 우리 결혼하는 거야.

*bar exam 사법고시, 변호사 시험

❶ I'm good.
난 됐어.

언제? 제안을 부드럽게 거절할 때
잠깐! '좋다'는 찬성의 의미가 아니라는 점에 주의

A Would you like more wine?
와인 더 줄까?
B Oh, **I'm good.**
아, 난 됐어.

❷ I'd rather not.
안 했으면 해.

언제? 마음이 안 내킬 때
잠깐! 가능하면 안 했으면 하는 뉘앙스

A Should we dim the lights?
불을 어둡게 할까?
B **I'd rather not.** I'm trying to read.
안 그랬으면 해. 책을 읽고 있잖아.

*dim (빛의 밝기를) 낮추다

❸ I'm afraid not.
미안하지만 안 되겠어.

언제? 정중히 거절할 때
잠깐! 하기 곤란하다는 뉘앙스

A Could you lend me more money?
돈 좀 더 빌려줄 수 있어?
B **I'm afraid not.** My wife found out about the last loan.
미안하지만 안 되겠어. 와이프가 지난번에 너 돈 빌려준 거 알아버렸거든.

❹ I turned it down.
거절했어.

언제? 곰곰이 생각한 후 거절했을 때
아하~ turn down 거절하다

A What happened with your job interview?
취업면접은 어떻게 됐어?
B I got the job, but **I turned it down.**
합격했어. 근데 내가 거절했어.

❺ Let me sleep on it.
좀 더 생각해볼게.

언제? 시간을 두고 생각해 보겠다고 할 때
아하~ sleep on it (중대한 결정을 하기 전에) 잘 생각해보다, 밤새 고민해
보다
잠깐! 자고 나면 생각이 정리되길 바라는 마음이 담긴 말

A Have you decided on selling your house?
집을 파는 것에 대해 결정하셨나요?
B Umm, no. **Let me sleep on it.**
어, 아니요. 좀 더 생각해 볼게요.

❻ It's no use.
소용없어.

언제? 계속 시도해도 안 될 때
아하~ be no use 소용없다
잠깐! 명사 use의 발음은 [유즈]가 아니라 [유쓰]

A **It's no use.** The door must be locked.
소용없어. 문이 잠겼나 봐.
B Then break the window!
그럼 창문을 깨!

❼ Suit yourself.
너 좋을 대로 해.

언제? 상대의 일방적인 결정에 포기하는 심정으로
아하~ suit ~에게 편리하다, 맞다

A I've decided to immigrate to France.
프랑스로 이민 가기로 결정했어.
B **Suit yourself.** I'm staying here.
좋을 대로 해. 난 여기 있을 거야.

*immigrate to ~로 이민 가다

❽ It makes no difference.
그래 봤자야.

언제? 아무리 해도 바뀌지 않을 때
아하~ make no difference 헛수고다, 차이가 없다

A How about meat instead of fish?
생선 대신 고기는 어때?
B **It makes no difference.** The cat won't eat anything.
그래 봤자야. 저 고양이는 아무것도 안 먹어.

❾ Have it your way.
네 마음대로 해.

언제? 의견이 달라 갈등을 빚다가 체념할 때
아하~ your way 네가 내키는 방식

A I think we should stick to my plan.
우리는 내 계획대로 가야 한다고 생각해.
B **Have it your way.** But you take full responsibility,
okay?
네 마음대로 해. 하지만 네가 다 책임을 지는 거다. 알았지?

*stick to ~을 고수하다 | take full responsibility 전적으로 책임지다

❿ Accept your fate.
운명을 받아들여.

언제? 아무리 노력해도 상황을 바꿀 수 없을 때
아하~ fate 운명

A But I don't want to be the new CEO!
하지만 저는 신입 CEO가 되기 싫다고요!
B **Accept your fate.** You're my only daughter.
운명을 받아들여. 네가 아빠의 외동딸이잖니.

▶ 〈모의고사 17회〉 정답입니다.

Study035.mp3

❶ How's it coming along?

잘되고 있어?

언제? 계획대로 잘되고 있는지 물을 때
아하~ come along (원하는 대로) 되어 가다

A I heard you're setting up your own business. **How's it coming along?**
창업을 준비한다고 들었어. 잘되고 있어?

B It's going according to plan.
계획대로 진행되고 있어.

＊set up one's own business 창업을 준비하다

❷ That's close enough.

그 정도면 됐어.

언제? 완벽하지는 않지만 그만해도 된다는 뜻을 전할 때
직역 그 정도면 충분히 가까워.

A How's my parking? Should I back up more?
나 주차 잘했어? 후진 더 할까?

B No, no! **That's close enough.**
아니야! 그 정도면 됐어.

＊back up 후진하다

❸ No doubt about it.

의심의 여지가 없어.

언제? 의심할 거 없이 확실할 때
아하~ doubt 의심
잠깐! 앞에 There is가 생략된 형태

A Are you sure you saw Janet? She was with me.
자넷을 본 게 확실해? 걔는 나랑 있었어.

B **No doubt about it.** She even winked at me.
의심의 여지가 없어. 심지어 나한테 윙크도 했으니까.

❹ By the looks of it.

보아하니 그러네.

언제? 겉모습으로 판단할 때
아하~ the looks 보이는 형상

A Is the restaurant out of business?
저 식당 폐업했나?

B **By the looks of it.** There's no one inside.
보아하니 그러네. 안에 아무도 없어.

＊be out of business 폐업하다

❺ It's obvious.

뻔하네.

언제? 누가 봐도 분명하고 확실할 때
아하~ obvious (누가 봐도) 확실한, 뻔한

A Eric is not picking up his phone.
에릭이 전화를 안 받아.

B **It's obvious** that he'll not pay up.
걔가 돈을 안 낼 게 뻔하네.

❻ It's clear-cut.

그건 명백해.

언제? 어떤 상황인지 뚜렷할 때
아하~ clear-cut (뚜렷하게 잘린 것처럼) 명확한, 명백한

A **It's clear-cut.** Robert is responsible.
그건 명백해. 로버트가 책임이 있어.

B Yes, he should apologize.
맞아. 그가 사과해야 해.

❼ Give or take.

대략적으로.

언제? 정확한 정보를 모를 때
아하~ give or take 대략 (더하거나 빼면 대충 그 정도)

A How long will it take? I'm freezing.
얼마나 걸릴까요? 너무 추워요.

B Fifty minutes, **give or take.**
대략적으로 50분이요.

❽ Ignorance is bliss.

모르는 게 약이야.

언제? 너무 많은 걸 알려고 하지 말라고 할 때
아하~ ignorance 무지 | bliss 축복
직역 모르는 게 축복이다.

A What were you guys talking about? Tell me.
너희들 무슨 얘기 하고 있었어? 알려줘.

B No. **Ignorance is bliss.**
아니야. 모르는 게 약이야.

❾ How was I supposed to know?

내가 어떻게 알았겠어?

언제? 나도 몰랐다며 책임을 회피할 때
아하~ be supposed to know 알 거라고 여겨지다

A That was the new CEO.
방금 저 분이 새로 오신 대표이사야.

B **How was I supposed to know?** I'll go and apologize to him.
내가 어떻게 알았어? 가서 사과드릴게.

❿ I'd like a second opinion.

또 다른 의견을 받고 싶어.

언제? 확실히 하기 위해 또 다른 의견도 들어보고 싶을 때
아하~ second opinion 다른 사람의 의견

A I don't believe the results. **I'd like a second opinion.**
결과를 못 믿겠어. 또 다른 의견을 받고 싶어.

B Okay, honey. I do, too.
알았어, 자기야. 나도 그렇게 생각해.

Study036.mp3

❶ Just out of curiosity.

그냥 궁금해서.

언제? 단지 호기심으로 질문할 때
야하~ curiosity 호기심
직역 그냥 궁금함의 발로로.

A Why do you want to know about my parents?
왜 우리 부모님에 대해 알고 싶어 하는데?
B Oh, you know... **Just out of curiosity.**
아, 뭐… **그냥 궁금해서.**

❷ Just as I thought.

생각했던 대로군.

언제? 예상했던 대로 일이 펼쳐졌을 때
야하~ (just) as S + 과거동사 (그냥) ~했던 대로

A Detective, I found three mosquitoes in the victim's stomach.
탐정님, 희생자의 뱃속에서 모기 세 마리를 발견했어요.
B Ah-ha! **Just as I thought.** The killer is Tristan Moskit.
아하! **생각했던 대로군.** 살인자는 트리스탄 모스킷일세.

❸ It just sprang to mind.

갑자기 생각났어.

언제? 뭔가가 불현듯 떠올랐을 때
야하~ spring to mind (갑자기) 생각나다
(sprang은 spring(뛰어오르다)의 과거형)

A How did you come up with the idea? It's brilliant!
어떻게 그런 생각을 해냈지? 기발한데!
B Oh, I don't know. **It just sprang to mind.**
어, 글쎄. **갑자기 생각이 났어.**

＊come up with (아이디어 등을) 생각해내다

❹ It's on the tip of my tongue.

입 안에서 뱅뱅 돌아.

언제? 알긴 아는데 기억이 날 듯 말 듯할 때
야하~ tip 끝부분
직역 그것은 내 혀의 끝에 있다.

A You said you knew his name?
그 남자 이름을 네가 안다고 했잖아?
B Oh... **It's on the tip of my tongue.**
아… **입 안에서 뱅뱅 도네.**

❺ I didn't think it through.

충분히 생각을 안 했어.

언제? 성급한 결정을 후회할 때
야하~ think ~ through (문제·해결책 등에 대해) 충분히 생각하다

A Why did you invest all your money in stocks?
왜 주식에 돈을 전부 걸었어?
B **I didn't think it through.**
충분히 생각을 안 했어.

＊stock 주식

❻ I almost forgot.

깜빡할 뻔했네.

언제? 잊었던 게 가까스로 생각났을 때
직역 거의 잊을 뻔했다.

A Oh, **I almost forgot.** Dad told me to give you this.
참, **깜빡할 뻔했네요.** 아빠가 이걸 전해 드리래요.
B He remembered!
기억하셨구나!

❼ You have a good memory.

너 기억력이 좋구나.

언제? 상대방의 뛰어난 기억력을 칭찬할 때
야하~ have a good memory 기억력이 좋다
잠깐! memory를 복수로 써서 have good memories라고 하면
'좋은 추억이 있다, 추억 돋는다'는 의미

A Wow! **You have a good memory.**
우와! **너 기억력이 좋구나.**
B I have an IQ of 180.
IQ가 180이야.

❽ That reminds me.

그러고 보니 생각났다.

언제? 어떤 자극에 의해 잊고 있던 뭔가가 기억났을 때
야하~ remind ~에게 생각나게 하다, 상기시키다

A Hey, the lights went out. I can't see a thing!
저런, 불이 나갔네. 아무것도 안 보이잖아!
B **That reminds me.** What are you doing on Halloween?
그러고 보니 생각났다. 할로윈데이에 뭐 해?

❾ I don't recall.

기억이 안 나.

언제? 기억하려고 해도 생각이 안 날 때
야하~ recall 기억을 끄집어내다

A What do you remember before the accident?
사고 나기 전에 뭐가 기억이 나요?
B **I don't recall** anything. What should I do, Doctor?
아무것도 **기억이 안 나요.** 어쩌면 좋죠, 선생님?

❿ I'm so forgetful.

난 건망증이 심해.

언제? 깜빡 잊는 증상이 자주 나타날 때
야하~ forgetful 잘 잊어먹는, 건망증이 있는

A Why is a smartphone in your refrigerator?
냉장고 안에 웬 스마트폰이 들어 있니?
B Oh, that's where I put it! **I'm so forgetful.**
이, 기기다 뒀구나 **건망증이 심해서.**

▶ 〈모의고사 18회〉 정답입니다.

❶ Does it show?

티 나니?

언제? 숨기고 싶은 게 드러나는지 걱정될 때
직역 그것이 보이니?

A I've gained weight recently. **Does it show?**
나 요즘 살쪘어. **티 나니?**

B No, not at all. Don't worry about it.
아니, 전혀. 걱정하지 마.

*gain weight 살이 찌다

❷ Is it just me?

나만 그런가?

언제? 나만 그렇게 생각하거나 느끼는 건지 의문이 들 때
직역 그것은 단지 나만인가?

A **Is it just me?** I smell something burning.
나만 그런가? 뭔가 타는 냄새가 나는데.

B Oh, my gosh! Your helmet's on fire.
어머나! 네 헬멧에 불이 붙었어.

*burning 타는

❸ What do you have in mind?

생각해 둔 게 있어?

언제? 상대방 생각이 궁금할 때
아하~ have in mind 생각해 두다, 마음에 품고 있다

A I want to buy a new dress. It's my birthday.
새 드레스를 사고 싶어. 내 생일이잖아.

B Okay. **What do you have in mind?**
그래. 생각해 둔 게 있어?

❹ Anything out of the ordinary?

뭔가 특이한 점이 있어?

언제? 특이한 사항을 발견했는지 물을 때
아하~ out of the ordinary 특이한, 보통을(ordinary) 벗어난
잠깐! Is/Are there anything ~?(~한 점/게 있어?)에서 Is/Are there를 생략하고 말하는 경우가 많다.

A **Anything out of the ordinary?**
뭔가 특이한 점이 있어?

B Actually, yes. There's a sudden spike in the chart.
실은 있습니다. 도표에 갑자기 급등한 부분이 있어요.

*spike 급등, 급증

❺ What do you make of it?

이 상황을 어떻게 보니?

언제? 주어진 상황을 어떻게 해석하는지 물을 때
아하~ make of ~에 대해 이해하다/생각하다

A **What do you make of it?**
이 상황을 어떻게 보나?

B It's a bad sign. We should evacuate immediately.
조짐이 안 좋습니다. 즉각 대피하셔야겠습니다.

*evacuate 대피하다

❻ Get to the point.

요점을 말해.

언제? 겉도는 이야기만 할 때
아하~ point 요점, 핵심

A **Get to the point.** I haven't got all day.
요점을 말해. 나 시간 없어.

B Okay. Don't enter the competition. You will just embarrass yourself.
알았어. 대회에 참가하지 마. 망신만 당할 거야.

❼ That's not the point!

그게 핵심이 아니라니깐!

언제? 상대가 말귀를 못 알아먹을 때
잠깐! What's your point? / Where are you going with this?
무슨 말을 하려는 거야?

A I can't help it if I have to work late into the night.
내가 밤늦게까지 일하는 것은 어쩔 수 없잖아.

B **That's not the point!** You make me feel lonely!
그게 핵심이 아니라니깐! 넌 날 외롭게 해!

*I can't help it if ~ ~하면 그건 어쩔 수 없잖아

❽ Let's call it even.

이걸로 통치자.

언제? 빚진 것을 이걸로 청산하자고 할 때
아하~ call it even 통치다, 청산하다, 공평한(even) 것으로 보다

A I thought I owed you 100 dollars.
내가 너한테 백 달러 빚진 것 같은데?

B **Let's call it even.** I just broke your bicycle.
이걸로 통치자. 내가 방금 네 자전거 망가뜨렸어.

*owe someone + 돈 ~에게 …을 빚지다

❾ Take it or leave it.

싫으면 관둬.

언제? 강력하고 배짱 있게 압박할 때
직역 받아들이든가(take) 떠나든가(leave).

A This is all I can offer. **Take it or leave it.**
내가 제안할 수 있는 건 이게 다야. 싫으면 그만두든가.

B All right. I'm in.
알았어. 할게.

*This is all I can ~ 내가 ~할 수 있는 건 이게 다이다

❿ What's in it for me?

나한테는 뭐가 떨어지는데?

언제? 실익이 있는지 따져볼 때
직역 그 안에 나를 위한 게 뭐가 있는데?

A You want my help again? **What's in it for me?**
내 도움이 또 필요하다고? **나한테는 뭐가 떨어지는데?**

B Okay, I'll give you 10 percent of what I earn.
좋아, 내가 버는 것에서 10% 떼줄게.

❶ What's it gonna be?
뭘 택할래?

언제? 둘 중 하나를 어서 고르라고 압박할 때
아하~ gonna going to의 구어체
잠깐! 여기서 it은 '최후의 선택'

A **What's it gonna be?** Is it me or your dog?
뭘 택할래? 나야 아니면 너의 개야?
B That's not a difficult question to answer.
대답하기 어려운 질문이 아니군.

❷ It's up to you.
그건 너한테 달렸어.

언제? 상대방의 선택을 따르겠다고 할 때
아하~ be up to ~에게 달려 있다

A We can take a shortcut, but it's very dangerous.
Should we? **It's up to you.**
지름길로 갈 수는 있지만, 매우 위험해. 갈까? 그건 너한테 달렸어.
B No. Let's stay on this road.
아니. 이 길로 계속 가자.

❸ I've got dibs.
내가 찜했어.

언제? 탐나는 물건 · 사람이 있을 때
아하~ dibs 소유권, 청구권
잠깐! have got은 have를 조금 강조해서 말하는 구어체 표현

A So many toys! Oh, **I've got dibs** on that one!
장난감 정말 많다! 앗, 저거 내가 찜했어!
B You can have them all, if you like.
원한다면 다 가지렴.

❹ You leave me no choice.
선택의 여지가 없군.

언제? 상대방 때문에 어쩔 수 없을 때
직역 너는 내게 선택권(choice)을 남기지 않는다.

A I won't take your offer.
제안을 받아들이지 않겠습니다.
B Really? **You leave me no choice.** I'll have to cut
your salary.
정말? 선택의 여지가 없군. 자네의 월급을 깎는 수밖에.

❺ I'll leave it to you.
그건 네가 알아서 해.

언제? 선택권을 상대방에게 넘길 때
아하~ leave A to B A를 B에게 맡기다 (결정권을 넘겨준다는 뜻)

A I can't decide between the two items. **I'll leave it
to you.**
두 제품 중 어떤 걸 살지 모르겠어. 그건 네가 알아서 해.
B Sure. Don't worry.
알았어, 걱정 붙들어 매.

❻ There aren't many options.
선택의 폭이 좁아.

언제? 고를 수 있는 여지가 별로 없을 때
아하~ option 선택할 수 있는 것, 옵션
잠깐! There are many options. 선택의 폭이 넓어.

A What? Is this it?
뭐야? 이게 다야?
B **There aren't many options** right now. So let's decide
quickly.
지금은 선택의 폭이 좁아. 그러니 어서 정하자.

❼ I've made up my mind.
결심했어.

언제? 고심 끝에 결정을 내렸을 때
아하~ make up one's mind 결심하다
잠깐! 현재완료형을 써서 시간을 들여 고심 끝에 결정을 내렸다는 어감을
전달한다.

A What should we do?
우리 어쩌면 좋지?
B **I've made up my mind.** Let's not tell her.
결심했어. 개한테 말하지 말자.

❽ I'm having second thoughts.
마음이 흔들리고 있어.

언제? 결정을 번복하고 싶을 때
아하~ have second thoughts (다른 생각이 들면서) 마음이 바뀌다,
의구심이 들다

A You must be excited about marrying George.
조지와 결혼하게 되어 기쁘겠다.
B To tell you the truth, **I'm having second thoughts.**
사실은 말이야, 마음이 흔들리고 있어.
*You must be ~ ~하겠다 (정황상 거의 확실하다고 생각되는 추측을 말할 때 사용)

❾ Stop second-guessing yourself.
미련을 갖지 마.

언제? 이미 내린 결정에 미련을 보일 때
잠깐! second-guess 끝나고 비판하다, 미련을 갖다

A I shouldn't have said that to the interviewer!
면접관에게 그 말을 하지 말걸 그랬어!
B **Stop second-guessing yourself.** You'll do better
next time.
미련을 갖지 마. 다음엔 더 잘할 거야.
*I shouldn't have p.p. ~하지 말걸 그랬어

❿ I need closure.
매듭을 지어야겠어.

언제? 깔끔한 마무리를 원할 때
아하~ closure (힘든 일의) 종료, 종결

A I have to see Jena. **I need closure.**
제나를 만나야 해. 매듭을 지어야겠어.
B I think that's a bad idea. Let her go.
좋은 생각이 아닌 거 같아. 그냥 잊어버려.

❶ Is everything all right?
괜찮은 거야?

언제? 혹시 문제가 있는지 확인할 때
아하~ all right 괜찮은

A **Is everything all right?** You cried out in your sleep.
괜찮은 거야? 너 자면서 비명을 질렀어.
B Oh! I had a nightmare.
아! 악몽을 꿨어요.

*in one's sleep 자면서 | have a nightmare 악몽을 꾸다

❷ What's going on?
무슨 일이야?

언제? 나 모르게 뭔가 진행되고 있는 것 같을 때
직역 무슨 일이 벌어지고 있는 거야?

A What's with the noise? **What's going on?**
웬 소란이냐? 무슨 일이야?
B Sorry, Dad. I was just experimenting.
미안해요, 아빠. 그냥 실험 중이었어요.

*experiment 실험하다

❸ What's the matter with you?
너 왜 이래?

언제? 친구가 평소와 달리 이상할 때
아하~ matter 문제
잠깐! 너한테 무슨 문제가 있냐는 뉘앙스

A **What's the matter with you?** Are you drunk?
너 왜 이래? 술 취했니?
B Yes, I am. Oh! Did I just break the window?
응. 이런! 저 창문 방금 내가 깼니?

*drunk 술 취한

❹ What's bugging you?
무슨 걱정 있어?

언제? 근심이 있어 보이는 친구에게
아하~ bug (마치 몸에 벌레가 기어 다니는 것처럼 정신적으로) 괴롭히다
직역 무엇이 너를 괴롭히고 있어?

A **What's bugging you?** You haven't touched your food.
무슨 걱정 있어? 음식에 손을 안 댔네.
B I got a letter from Jason again.
제이슨한테서 또 편지를 받았어.

❺ What seems to be the problem?
무슨 문제라도 있어?

언제? 문제나 걱정이 있어 보일 때
아하~ seem to be the problem 문제인 것 같다

A **What seems to be the problem?** Do you need help?
무슨 문제라도 있어? 도움이 필요해?
B Please, just leave me alone.
제발 그냥 혼자 있게 해줘.

❻ Something came up.
일이 좀 생겼어.

언제? 갑자기 일이 생겨 자리를 뜰 때
아하~ come up (일이) 생기다, 발생하다

A Where are you going? You haven't finished eating.
먹다 말고 어딜 가니?
B **Something came up.** Sorry, see you next time.
일이 좀 생겼어. 미안, 다음에 보자.

❼ I'm in a tight spot.
내 상황이 좀 난처해.

언제? 곤란한 상황에 처했을 때
아하~ in a tight spot 난처한 상황에 처한, 궁지에 몰린
잠깐! I'm in danger. 내 상황이 위험해. 위험한 상황에 빠졌어.

A Why haven't you answered my calls?
왜 내 전화 안 받았어?
B Sorry. **I'm in a tight spot** right now. I'll call you later.
미안. 지금 내 상황이 좀 난처해. 나중에 전화할게.

❽ It got out of hand.
상황이 걷잡을 수 없게 됐어.

언제? 상황이 통제불능 상태가 됐을 때
아하~ get out of hand (손을 쓸 수 없을 정도로) 감당할 수 없게 되다

A You told me it was safe!
네가 안전하다고 했잖아!
B I know. **It got out of hand.** Sorry about the fire.
알아. 상황이 걷잡을 수 없게 됐어. 불 내서 미안해.

❾ The cat's out of the bag.
비밀이 탄로 났어.

언제? 숨겨두었던 비밀이 드러났을 때
잠깐! 고양이가 가방 밖으로 나오듯이 비밀이 새어 나왔다는 관용표현

A What should we do? **The cat's out of the bag.**
우리 어쩌면 좋지. 비밀이 탄로 났어.
B Actually, I'm glad in a way.
실은 말야, 어찌 보면 다행이라고 생각해.

❿ Who spilled the beans?
누가 소문을 낸 거야?

언제? 감추고 싶었던 사생활이 노출됐을 때
아하~ spill the beans (비밀을) 무심코 말해버리다, 까발리다

A **Who spilled the beans?** Was it you?
누가 소문을 낸 거야? 너였니?
B No, no. It was my cousin. He read my diary.
아니야. 내 사촌이었어. 걔가 내 일기를 읽었지 뭐야.

❶ It's urgent.
급한 일이야.

언제? 긴박함을 알리고 도움을 요청할 때
야하~ urgent 긴급한

A **It's urgent.** Hurry up and open the door.
급한 일이야, 어서 문을 열어.

B Wait. I'm not done yet.
기다려. 아직 안 끝났단 말이야.

*Hurry up and do ~ 어서 ~해 | be done 끝나다

❷ It's a matter of time.
시간문제야.

언제? 시간만 지나면 해결될 문제일 때
야하~ matter of time 시간문제

A Will the police catch the thief?
경찰이 도둑을 잡을 수 있을까요?

B Yes, of course. **It's** just **a matter of time.**
그럼, 물론이지. **시간문제**일 뿐이야.

❸ It's not a big deal.
별거 아니야.

언제? 크게 걱정할 상황은 아닐 때
야하~ big deal 중요한 일, 대단한 것
잠깐! It's no big deal.도 같은 의미로 많이 쓴다.

A Will you be able to solve the case?
사건을 해결할 수 있겠습니까?

B Don't worry. **It's not a big deal.**
걱정 마세요. **별거 아니에요.**

❹ Out of the frying pan, into the fire. 갈수록 태산이야.

언제? 상황이 점점 더 나빠질 때
직역 프라이팬을 나와서 불 속으로 들어가다.

A My shop isn't doing well, and my landlord says he will raise the rent.
가게도 잘 안 되는데 집주인이 세를 올리겠대.

B **Out of the frying pan, into the fire.**
갈수록 태산이구만.

*landlord 집주인, 임대주

❺ That was close.
큰일 날 뻔했네.

언제? 아슬아슬하게 위기를 모면했을 때
야하~ close 아슬아슬한

A **That was close.**
큰일 날 뻔했네.

B Yikes! We should use the pedestrian crosswalk next time.
휴! 다음에는 횡단보도를 이용해야겠다.

*pedestrian crosswalk 횡단보도

❻ I ran out of time.
시간이 부족했어.

언제? 시간이 모자랐을 때
야하~ run out of ~가 바닥나다

A Why did the game end?
왜 게임이 끝나 버렸어?

B **I ran out of time.**
시간이 부족했어.

❼ What went wrong?
뭐가 잘못된 거야?

언제? 틀어진 결과에 대해 추궁할 때
야하~ go wrong 잘못되다

A **What went wrong?** It was a perfect plan!
뭐가 잘못된 거야? 계획은 완벽했단 말이야!

B Maybe Roger double-crossed us.
로저가 우리를 배신했는지도 몰라.

*double-cross 배신하다

❽ What's standing in your way?
못하는 이유가 뭔데?

언제? 일의 진전을 방해하는 요소를 물을 때
야하~ stand in one's way (길을 막듯이) 방해하다
직역 무엇이 네 길 안에서 막고 서 있는 건데?

A Just do it! **What's standing in your way?**
그냥 하란 말이야! **못하는 이유가 뭔데?**

B If I press this button, a lot of people will die.
제가 이 버튼을 누르면 많은 사람들이 죽잖아요.

❾ Let's get to the bottom of this.
이것의 원인을 파헤쳐보자.

언제? 근본 원인을 찾아내자고 할 때
야하~ get to the bottom of ~의 (바닥에 깔린) 진짜 이유를 알아내다
직역 이것의 밑바닥까지 가보자.

A **Let's get to the bottom of this.** Whose idea was it?
이것의 원인을 파헤쳐보자. 누구의 아이디어였지?

B It wasn't me. I swear.
나는 아니었어. 맹세해.

❿ Money is not the issue.
돈이 문제가 아니야.

언제? 돈이 원인이라고 상대가 잘못 짚었을 때
야하~ issue (걱정거리가 되는) 문제

A I'll give you more money. So don't worry, okay?
돈 더 줄 테니 걱정 마, 알겠지?

B **Money is not the issue.**
돈이 문제가 아니야.

❶ I'll handle it.

내가 처리할게.

언제? 문제를 해결하겠다고 나설 때
아하~ handle 처리하다, 다루다
잠깐! I can handle it. 내가 처리할 수 있어.

A I don't believe this! Can't anybody beat this James Bond?
이럴 수가! 아무도 제임스 본드라는 자를 못 이긴단 말야?

B Don't worry, Boss. **I'll handle it.**
걱정 마십시오, 두목. **제가 처리하겠습니다.**

❷ I've got it covered.

내가 알아서 할게.

언제? 내가 알아서 커버하겠다고 할 때
아하~ get it covered (그걸) 처리하다, 커버하다
잠깐! 어떤 문제나 비용을 내가 나서서 처리하겠다고 할 때 쓴다.

A Should I go around and collect more money?
내가 돌면서 돈을 더 걷을까?

B Nah, it's okay. **I've got it covered.**
아니야, 됐어. 내가 알아서 할게.

❸ It's in good hands.

잘되고 있어.

언제? 문제를 잘 다루고 있다며 안심시킬 때
아하~ be in good hands (믿을 만한 사람에게서) 잘 다루어지고 있다
직역 그것은 좋은 손 안에 있다.

A Can we meet the deadline?
마감시간을 맞출 수 있을까?

B Yes, of course. **It's in good hands.**
그럼, 물론이지. 잘되고 있어.

＊meet the deadline 마감을 맞추다

❹ It's been taken care of.

이미 처리했어.

언제? 일을 이미 해결해 놓았을 때
아하~ be taken care of 처리되다, 해결되다
잠깐! I'll take care of it. 내가 처리할게.

A What about Mr. Smith's quarters? He prefers floor-heated rooms.
스미스 씨가 묵을 숙소는? 그분은 온돌방을 선호하셔.

B Oh, that? **It's been taken care of.**
아, 그거? 이미 처리했어.

＊quarters 숙소 | floor-heated 온돌인

❺ Let's nip it in the bud.

싹을 잘라 버리자.

언제? 위협 소지가 있는 것을 미리 제거할 때
아하~ nip ~ in the bud (문제가 될 소지가 있으므로) ~의 싹을(bud) 잘라내다(nip)

A Should I just leave it? It's a tiny lump.
그냥 놔둘까? 아주 작은 혹이잖아.

B No, no. **Let's nip it in the bud.**
아니야. 싹을 잘라 버리자.

＊lump 혹, 덩어리

❻ I'll give it a go.

한번 해볼게.

언제? 시도해 보겠다고 할 때
아하~ give it a go 한번 해보다
잠깐! go 대신 '시도'를 뜻하는 shot이나 try를 써도 된다.

A I thought you were afraid of heights?
고소공포증이 있는 줄 알았는데?

B Umm, it's okay. **I'll give it a go.**
뭐, 괜찮아. 한번 해볼게.

＊be afraid of heights 높은 데를 두려워하다 → 고소공포증이 있다

❼ I'll take my chances.

위험을 감수해야지.

언제? 실패할 가능성이 있는데도 도전할 때
아하~ take one's chances (위험을 감수하고) 한번 해보다

A I'm worried. What if they find out?
걱정이 돼. 그 사람들이 알아차리면 어떡해?

B **I'll take my chances.**
위험을 감수해야지.

❽ I've got nothing to lose.

밑져야 본전이야.

언제? 실패해도 손해 볼 게 없을 때
아하~ have (got) nothing to lose 잃을 게 없다

A Are you really going to do it?
너 정말 그렇게 할 거야?

B Yes, **I've got nothing to lose.**
응. 밑져야 본전이야.

❾ This is pointless.

이건 무의미해.

언제? 해봤자 소용이 없다고 느껴질 때
아하~ pointless 무의미한, 할 가치가 없는

A **This is pointless.** We've been waiting for five hours.
이건 무의미해. 다섯 시간 동안이나 기다리고 있었잖아.

B Let's just go home. I'm starving.
그냥 집에 가자. 배고파 죽겠어.

＊starving 배고파 죽겠는

❿ I couldn't bring myself to do it.

차마 그럴 수가 없었어.

언제? 마음이 약해져 실행하지 못했을 때
아하~ bring oneself to ~하게끔 스스로를 이끌다

A What! You didn't tell him?
뭐라고! 걔한테 말 안 했다고?

B I'm sorry. **I couldn't bring myself to do it.** He started to cry.
미안. 차마 그럴 수가 없었어. 걔가 울기 시작하잖아.

❶ I need a favor.
부탁 좀 할게.

언제? 친한 사이끼리 부탁을 할 때
아하~ favor 부탁, 호의
직역 난 부탁을 필요로 해.

A **I need a favor.** Could you translate this for me?
부탁 좀 할게. 이것 좀 번역해줄래?
B Okay. Let's have a look.
그래. 어디 보자.

❷ Can you give me a hand?
좀 거들어줄래?

언제? 물리적인 도움이 필요할 때
아하~ give me a hand (손을 보태듯) 나를 도와주다
잠깐! 우리말의 '손 좀 빌려줄래?'와 비슷한 어감

A Oh, this grocery bag is heavy. **Can you give me a hand?**
어휴, 이 장바구니가 무겁구나. 좀 거들어줄래?
B Sure, Mom. Wow, you bought two watermelons!
네, 엄마. 우와, 수박을 두 개나 샀네요!

❸ Go easy on me.
나한테 살살 좀 해줘.

언제? 너무 심하게 하지 말라고 할 때
아하~ go easy on ~를 살살 다루다

A Wow! That was too fast. Hey, **go easy on me.**
우와! 너무 빨랐어. 야, 나한테 살살 좀 해줘.
B Okay. I'll throw more slowly this time.
알았어. 이번에는 더 천천히 던질게.

❹ Can you make an exception?
예외로 좀 해주면 안 될까?

언제? 나만 다른 대우를 해달라고 요청할 때
아하~ make an exception 예외를 두다

A You're too late. Go away. I'm closing the gate now.
너무 늦었으니 가세요. 이제 입구를 닫을 거예요.
B **Can you make an exception?** My name is Elsa.
예외로 좀 해주면 안 될까요? 제 이름은 엘사예요.

❺ I hope you don't mind.
그래도 되겠지?

언제? 상대방에게 실례가 안 되는지 허락을 구할 때
아하~ mind 싫어하다, 꺼리다
직역 네가 싫어하지(mind) 않았으면 해.

A I'm going to open the window. **I hope you don't mind.**
창문을 열어야겠다. 그래도 되겠지?
B I do mind! The flies will come in.
안 돼! 파리가 들어오잖아.

*fly 파리

❻ Not at all.
전혀. (그럼요.)

언제? 부탁을 들어주는 것이 문제없다고 할 때
잠깐! '~해도 싫지 않겠냐?' '~해도 문제가 안 되겠냐?'류의 부탁에 '전혀 싫지 않다', '문제가 안 된다'는 뜻으로 하는 대답

A Do you mind if I take this chair?
이 의자 좀 가져가면 안 될까요?
B **Not at all.** Go ahead.
그럼요. 가져가세요.

*Go ahead. 그렇게 하라고 흔쾌히 수락할 때 쓰는 답변

❼ Be my guest.
그러세요.

언제? 부탁을 기꺼이 들어줄 때
잠깐! '내 손님이다' 생각하고 얼마든지 그렇게 하라는 뉘앙스

A I'd like to go up on to the stage now.
이제 무대 위로 올라가고 싶네요.
B **Be my guest.** I'll dim the lights for you.
그러세요. 조명을 줄여드리죠.

*dim (빛의 밝기를) 줄이다. 어둡게 하다

❽ Just this once.
이번 한 번만이야.

언제? 다음엔 안 들어주겠다고 조건을 달 때
아하~ once 한 번, 1회
잠깐! 부탁의 말 끝에 붙여서 '이번 딱 한 번만' 그렇게 해달라고 할 때도 쓴다.

A Mom! Can I sleep over at Steve's house?
엄마! 스티브네 집에서 자고 와도 돼요?
B All right. **Just this once.**
알았다. 이번 한 번만이야.

*sleep over (at) (남의 집에서) 묵다, 자다

❾ You owe me.
너 나한테 빚진 거야.

언제? 부탁을 들어주면서 다음에 갚으라고 생색낼 때
아하~ owe 빚지다

A Thank you for hooking me up with Laura!
로라를 소개시켜줘서 고마워!
B Remember. **You owe me.**
기억해라. 너 나한테 빚진 거야.

*hook me up with 나를 ~와 소개팅시켜주다

❿ On one condition.
조건이 하나 있어.

언제? 부탁을 들어주는 대신 조건을 걸 때
아하~ condition 조건

A I'm going to lend you some money, but **on one condition.**
너한테 돈을 빌려줄 거야. 단, 조건이 하나 있어.
B Oh, no! What is it?
앗! 뭔데 그래?

▶ 〈모의고사 21회〉 정답입니다.

❶ Easy does it.

살살 해.

언제? 망가질까 봐 조심히 다루라고 할 때
아하~ easy 조심히, 살살
잠깐! 부사가 앞으로 오면서 주어와 동사가 도치된 형태의 관용표현

A **Easy does it.** Good. Here's fine.
　살살 해. 옳지. 여기다 놓으면 돼.
B Wow, this flowerpot is heavier than I thought.
　우와, 이 화분 생각보다 무겁네요.

＊비교급 + than I thought 생각보다 ~한

❷ Watch your step.

발 밑을 조심해.

언제? 계단이나 내리막길을 내려가는 사람에게
아하~ watch 잘 보다 → 조심하다 | step 발걸음

A **Watch your step.** The steps are very steep.
　발 밑을 조심해. 계단이 매우 가파르다.
B Oh, I shouldn't have worn high heels!
　이런, 하이힐을 신는 게 아니었는데!

＊steps 계단 | steep 가파른 | wear - wore - worn

❸ Watch where you're going!

앞 좀 보고 다녀!

언제? 한눈 팔다가 부딪힌 사람에게
직역 네가 가고 있는 곳을 잘 봐라!

A Ouch, my arm! **Watch where you're going!**
　아야, 내 팔! 앞 좀 보고 다녀요!
B Oh, I'm so sorry. Are you hurt?
　엇, 정말 미안해요. 다치셨어요?

❹ But there's a catch.

그런데 주의할 점이 있어.

언제? 좋아 보이지만 실은 조심해야 할 때
아하~ catch 주의할 점, (숨은) 문제점

A It's a great offer. **But there's a catch.**
　매력적인 제안이긴 해. 그런데 주의할 점이 있어.
B Oh, no. Is it like last time?
　저런, 저번처럼 그런 거니?

❺ Don't rush into it.

성급하게 뛰어들지 마.

언제? 뭔가를 급하게 결정하려는 사람에게
아하~ rush into 급하게/무모하게 ~하다

A The stock market is volatile right now, so **don't rush into it.**
　지금 주식시장이 오락가락하니까 성급하게 뛰어들지 마.
B Hmm, thanks for your advice.
　음, 조언해줘서 고마워.

＊volatile 변덕스러운

❻ Play it cool.

침착하게 대처해.

언제? 흥분하지 말라고 조언할 때
아하~ cool 차분한, 침착한

A There they are! I'll show them who's boss.
　쟤들 저기 있다! 이것들, 내가 본때를 보여주마.
B Hey, remember. **Play it cool.**
　야, 명심해. 침착하게 대처하라고.

＊show them who's boss 사람들에게 본때를 보여주다

❼ Take it easy.

진정해.

언제? 흥분하거나 겁먹은 사람을 달랠 때
직역 그것을 편하게 받아들여.

A Where's my money? I want it now!
　내 돈 어디 있어? 지금 당장 내놔!
B Hey, buddy. **Take it easy.** It's here under the mattress.
　어이, 친구. 진정해. 여기 매트리스 밑에 있어.

❽ Take your time.

천천히 해.

언제? 서두를 필요 없다고 말해줄 때
아하~ take one's time (서두르지 않고) 천천히 하다

A Let me just tie my shoelaces. Sorry!
　구두끈 좀 맬게. 미안!
B **Take your time.**
　천천히 해.

❾ Chill out.

흥분 좀 가라앉혀.

언제? 흥분해서 날뛰는 사람을 진정시킬 때
아하~ chill out 진정하다, 열을 식히다

A Man! That player should have scored! I need more beer.
　악! 저 선수가 골을 넣었어야지! 맥주 더 없어?
B **Chill out.** It's only a game.
　흥분 좀 가라앉혀. 게임일 뿐이야.

❿ Keep your pants on.

조바심 좀 내지 마.

언제? 친구가 재촉하며 닦달할 때
잠깐! 흥분해서 옷을 벗어 던지는 데서 유래

A Come on, come on! Show me her picture!
　빨리, 빨리! 그 여자 사진을 보여줘!
B Hey, hey. **Keep your pants on.** Here it is.
　야, 야. 조바심 좀 내지 마. 여기 있어.

❶ In your dreams.
꿈 깨.

언제? 어림도 없는 일을 하겠다는 사람에게
잠깐! 꿈속에서나 가능하다는 뉘앙스

A I'm going to marry you some day.
난 너와 언젠가 결혼할 거야.

B **In your dreams.**
꿈 깨.

❷ You should know your place.
네 주제를 알아야지.

언제? 자기 분수에 맞지 않는 행동을 할 때
잠깐! 자기 자리(place)를 알아야 한다는 뉘앙스

A I shouldn't have interrupted like that. I'm sorry.
제가 그렇게 끼어드는 게 아니었는데, 죄송합니다.

B **You should know your place.**
네 주제를 알아야지.

❸ Mark my words.
내 말을 명심해.

언제? 내 충고를 새겨두라고 할 때
아하~ mark (표시해 두듯이) 명심하다

A What you're saying doesn't make sense, old man.
이상한 말 좀 하지 마요, 할아버지.

B **Mark my words,** Jack. These are truly magic beans.
내 말을 명심해라. 잭. 이 콩들은 정말 요술콩이란다.
∗not make sense 말이 안 된다. 이치에 맞지 않다

❹ Don't flatter yourself.
우쭐대지 마.

언제? 잘났다고 으스대는 사람에게
아하~ flatter oneself 우쭐거리다, 자만하다

A I'm such a great singer! Everyone told me so.
난 뛰어난 가수라니까! 모두들 그렇게 말했어.

B **Don't flatter yourself.** You've only gotten through the first round.
우쭐대지 마. 겨우 1라운드 통과했을 뿐이야.

❺ You'll pay dearly.
그러다 코코다친다.

언제? 잘난 척하며 건방지게 구는 사람에게
아하~ pay dearly 코코다치다, 벌을 받다

A Dad, I'm not afraid of that bear cub. Can I go and touch it?
아빠, 난 저 새끼곰이 안 무서워요. 가서 만져도 돼요?

B No, don't! **You'll pay dearly.**
안 돼! **그러다 코코다친다.**
∗cub (곰, 호랑이 등) 육식 포유동물의 새끼

❻ It's not worth it.
그럴 만한 가치가 없어.

언제? 굳이 그럴 필요 없다며 하지 말라고 할 때
아하~ be worth it 그럴 만한 가치가 있다

A Don't argue with him. **It's not worth it.**
그 사람하고 말싸움하지 마. **그럴 만한 가치가 없어.**

B You're right. Let's go out for a smoke.
네 말이 맞다. 담배 한 대 태우러 나가자.
∗go out for a smoke 담배 태우러 나가다

❼ Let's face it.
인정하자.

언제? 냉정한 현실을 받아들이자고 할 때
아하~ face (힘든 상황을) 직시하다, 대면하다

A **Let's face it.** One of us will be kicked out.
인정하자. 우리 중 한 명은 쫓겨날 거야.

B Yeah. I hope it's not me.
맞아. 내가 아니면 좋겠네.
∗be kicked out 쫓겨나다

❽ Let's prepare for a rainy day.
만일을 위해 대비하자.

언제? 혹시 모를 불행에 대비하자고 할 때
아하~ rainy day 만일의 경우, 돈이 궁핍한 기간

A Why did you open another savings account?
왜 또 통장을 개설했어?

B **Let's prepare for a rainy day.** I might lose my job in the future.
만일을 위해 대비하자. 내가 미래에 실직할 수도 있잖아.
∗open a savings account 저축통장을 개설하다

❾ Better safe than sorry.
나중에 후회하는 것보다 낫잖아.

언제? 미리 대비하라고 조언할 때
직역 후회(sorry)하는 것보다 조심하는(safe) 게 낫다.

A What's with all these survival kits?
이게 웬 생존용품이야?

B A tornado is coming. **Better safe than sorry.**
토네이도가 오고 있대. **나중에 후회하는 것보다 낫잖아.**

❿ I'll keep that in mind.
명심할게.

언제? 상대의 조언을 기억하겠다는 각오를 표현할 때
아하~ keep ~ in mind ~을 명심하다, 마음에 담아 두다

A Your opponent's weak spot is his left arm, okay?
상대편의 약점은 왼팔이야, 알겠지?

B **I'll keep that in mind.**
명심할게.

❶ It's worth a shot.
그건 시도해 볼만해.

언제? 머뭇거리는 사람에게 해보라고 권유할 때
야하~ be worth ~해볼 만한 가치가 있다 | shot 시도

A What's your opinion? Do you think it's a waste of time?
네 의견은 어때? 시간 낭비인 것 같아?

B No. **It's worth a shot.**
아니. 그건 시도해 볼만해.

❷ It's a once-in-a-lifetime opportunity. 이건 절호의 기회야.

언제? 다시 오기 힘든 기회임을 강조할 때
야하~ once-in-a-lifetime 평생에 한 번밖에 없는 (= golden)

A But we'll have to live in different cities!
하지만 우린 다른 도시에 살아야 되잖아!

B **It's a once-in-a-lifetime opportunity.** I want you to take the job.
이건 절호의 기회야. 취직 제안을 받아들여.

❸ You don't know what you're missing. 안 하면 후회할 텐데.

언제? 소중한 기회를 놓치고 있다고 일깨워줄 때
야하~ miss 놓치다
직역 넌 네가 뭘 놓치고 있는지 몰라.

A For the last time, I'm not doing it!
마지막으로 말하는데, 난 안 해!

B All right. But **you don't know what you're missing.**
알았어. 하지만 안 하면 후회할 텐데.

＊For the last time 마지막으로 말하는데

❹ I wouldn't if I were you.
나라면 안 하겠어.

언제? 내가 상대방이라면 안 하겠다고 조언할 때
야하~ if I were you 내가 너라면
잠깐! wouldn't 뒤에 오는 do it 이 편의상 생략된 형태

A I'll take Mr. Cooper's offer.
쿠퍼 씨의 제안을 받아들일래.

B Hmm. **I wouldn't if I were you.** I don't trust him.
흠. 나라면 안 하겠어. 그 사람을 못 믿겠거든.

❺ How hard can it be?
어려워 봤자지.

언제? 어려울까 봐 망설이는 사람에게
직역 (어려워 봐야) 얼마나 어려울 수 있겠어?

A But our teacher told us not to do that yet.
하지만 선생님이 그건 아직 하지 말랬잖아.

B Come on! **How hard can it be?**
뭐 어때! 어려워 봤자지.

＊told us not to do 우리에게 ~하지 말라고 했다

❻ First things first.
중요한 것부터 하자.

언제? 뭐부터 해야 할지 모르는 사람에게
직역 제일 중요한 걸 맨 먼저.

A Sean is coming in 10 minutes. Hide his presents!
손이 10분 후에 도착한대. 걔 선물들을 숨겨!

B **First things first.** Hide our shoes!
중요한 것부터 하자. 우리 신발들을 숨겨!

＊in 10 minutes 10분 후에 (in은 현 시점을 기준으로 '~ 후에'라는 의미)

❼ It's best you don't.
안 그러는 게 좋을 걸.

언제? 안 하는 게 낫다고 조언할 때
야하~ It's best S + V ~인 게 제일 좋다

A I need to speak to your dad right now.
너희 아버지와 지금 당장 얘기 좀 해야겠어.

B **It's best you don't.** He's angry at you.
안 그러는 게 좋을 걸. 아빠는 너한테 화나 있어.

❽ It's a wild goose chase.
이건 헛수고야.

언제? 그래 봐야 소용없다고 조언할 때
야하~ wild goose chase 헛수고, 부질없는 시도
← (하늘을 날아다니는) 기러기(wild goose)를 쫓는 격(chase)

A How are we supposed to catch him? No one knows his face.
어떻게 그를 잡으란 말이야? 아무도 그의 얼굴을 몰라.

B He's also a master of disguise. **It's a wild goose chase.**
그는 또한 변장의 귀재잖아. 이건 헛수고야.

＊disguise [disgáiz] 변장, 위장

❾ You'll regret it.
후회할 거야.

언제? 하겠다는 사람을 말릴 때
야하~ regret 후회하다
잠깐! 그러면 후회하게 될 거라고 경고성 어감을 담은 조언

A Don't quit dieting now. **You'll regret it.**
지금 다이어트를 포기하지 마. 후회할 거야.

B But it's my birthday today! I'll start again tomorrow.
하지만 오늘은 내 생일이잖아! 내일 다시 시작하지 뭐.

❿ All in good time.
때가 되면 다 되게 돼 있어.

언제? 급하게 생각하지 말라고 조언할 때
야하~ good time 알맞은 시기
잠깐! 모든 일에는 알맞은 시기가 있다는 의미

A When will I become an experienced mom like you?
전 언제쯤 당신처럼 노련한 엄마가 될까요?

B Don't worry. **All in good time.**
걱정 마. 때가 되면 다 되게 돼 있어.

＊experienced 노련한

❶ I can't wait!

빨리 했으면 좋겠다!

언제? 빨리 그 시간이 오기를 바라는 들뜬 마음을 표현할 때
아하~ can't wait 빨리 하고 싶다
(cf. can't wait to do 빨리 ~하고 싶다)
잠깐! 빨리 하고 싶은 마음이 간절해서 기다리기 힘들다는 뉘앙스

A We're finally off to Bali tomorrow!
우린 내일 드디어 발리행이다!
B **I can't wait!** It's like a dream.
빨리 갔으면 좋겠다! 꿈만 같아.

❷ It was beyond my expectations.

기대 이상이었어.

언제? 기대했던 것보다 결과가 좋았을 때
아하~ expectations 기대 | beyond ~을 넘어서

A How did you like my violin playing, Professor?
제 바이올린 연주가 어땠나요, 교수님?
B **It was beyond my expectations.** I'm proud of you.
기대 이상이었다네. 자네가 자랑스럽군.
＊How did you like ~? ~가 어떻게 마음에 드나요?

❸ It's not up to scratch.

기대에 못 미치는군.

언제? 기대했던 것보다 결과가 안 좋았을 때
아하~ up to scratch 만족스러운

A Your triple Lutz. **It's not up to scratch.**
네 트리플 럿츠 말이야. 기대에 못 미치는데.
B Sorry, I'm in a slump nowadays.
죄송해요. 요즘 슬럼프예요.
＊nowadays 요즘

❹ It's a total letdown.

완전 실망이야.

언제? 크게 실망하여 허무함이 밀려올 때
아하~ letdown 실망
잠깐! let someone down ~를 실망시키다

A What was that? **It's a total letdown.**
뭐 이래? 완전 실망이야.
B It's my ankle. I twisted it last night.
발목 때문에 그래요. 어젯밤에 삐었어요.
＊twist (발목 등을) 삐게 하다 | last night 어젯밤

❺ Don't bet on it.

너무 기대하지 마.

언제? 괜한 기대를 하지 말라고 충고할 때
아하~ bet on 기대하다, 의존하다

A Do you think he'll propose on my birthday?
걔가 내 생일에 청혼할 것 같니?
B **Don't bet on it.**
너무 기대하지 마.

❻ Never mind.

신경 쓰지 마.

언제? 부탁해놓고 취소할 때
잠깐! 내가 알아서 할 테니까 또는 이미 해결됐으니까 신경 쓰지(mind) 않아도 된다는 의미

A Oh, about the kitchen sink? **Never mind.** It's not clogged.
참, 부엌 싱크대 말이야. 신경 안 써도 돼. 안 막혔더라.
B Okay.
알았어.
＊clog 막다, 막히다

❼ I couldn't care less.

전혀 상관 안 해.

언제? 조금도 관심이 없음을 강조할 때
아하~ care 상관하다
잠깐! 이미 상관하지 않고 있다는 뜻

A Matthew has got a new girlfriend. She's pretty.
매튜한테 새 여자친구가 생겼더라. 예쁘던데.
B Hey! **I couldn't care less.**
야! 전혀 상관 안 해.

❽ I'll keep an eye on her.

내가 눈여겨볼게.

언제? 보호하기 위해 또는 의심이 가서
아하~ keep an eye on ~을 눈여겨보다

A I'm worried about my little sister. She doesn't talk at all.
내 여동생이 걱정돼. 아예 말을 안 해.
B Don't worry. **I'll keep an eye on her.**
걱정 마. 내가 눈여겨볼게.

❾ I'm intrigued.

구미가 당기는데.

언제? 상대방의 제안이 솔깃할 때
아하~ be intrigued 구미가 당기다, 흥미가 가다

A I found an old map up in my attic.
내 다락방에서 오래된 지도를 발견했어.
B **I'm intrigued.** Where is it?
구미가 당기는데. 어디 있는데?
＊attic 다락방

❿ Let's have a look.

어디 보자.

언제? 관심을 갖고 직접 살펴볼 때
아하~ have a look 살펴보다

A My computer isn't working. What's wrong?
내 컴퓨터가 작동이 안 돼. 왜 그러지?
B **Let's have a look.** Ah, you didn't plug it in.
어디 보자. 아, 플러그를 안 꽂았네.
＊work (기계가) 작동하다 | plug in 플러그를 꽂다

▶ 〈모의고사 23회〉 정답입니다.

Study047.mp3

❶ I'm rooting for you.

너를 응원하고 있어.

언제? 잘되기를 진심으로 응원할 때
아하~ root for (뿌리 깊숙한 곳에서부터) ~를 응원하다

A Good luck at the race today. **I'm rooting for you.**
오늘 경주에서 잘해라. **너를 응원하고 있어.**
B Thanks. I'll do my best.
고마워. 최선을 다할게.

＊do one's best 최선을 다하다

❷ Way to go!

잘했어!

언제? 일을 제대로 해냈을 때 파이팅
잠깐! That's the way to go!(그래, 그거야! → 잘했어!)의 줄임말

A Yes! I made it to the finals!
아자! 나 결선에 진출했어!
B **Way to go!** I knew you could do it.
잘했어! 그럴 줄 알았다니까.

＊made it 해내다, 성공하다

❸ I'm behind you on this.

이 부분에 대해 난 널 지지해.

언제? 마음속으로 동참하고 함께할 때
아하~ be behind you (뒤에 서 있듯) 너를 지지하다/응원하다

A I know everyone's against you. But remember... **I'm behind you on this.**
모두가 너를 반대하고 있다는 거 알아. 하지만 기억해둬… **이 부분에 대해 난 널 지지해.**
B Thank you. That means a lot to me.
고마워. 큰 힘이 된다.

❹ Give it your best shot.

최선을 다해봐.

언제? 실전이 임박했을 때 응원 멘트
직역 최고의 슛(shot)을 날려봐.

A This is what you've been practicing for. **Give it your best shot.**
바로 이 순간을 위해서 연습해 온 거잖아. **최선을 다해봐.**
B I hope the judges like my voice.
심사위원들이 내 목소리를 마음에 들어 하면 좋겠어.

❺ Cheer up.

힘내.

언제? 크게 심각하지 않은 일에 대해 힘내라고 가볍게 응원할 때
잠깐! 연인과 헤어진 친구라든가 심하게 다쳐서 우울하거나 힘들어하는 심각한 상황에서는 쓰지 않도록 주의

A I'm so stressed out these days. When will it end?
요즘 너무 스트레스 받아. 언제 끝이 날까?
B **Cheer up.** We'll get through this.
힘내. 우린 이겨낼 거야.

＊get through (궁지 등을) 벗어나다, 극복하다

❻ Keep your spirits up!

용기를 내!

언제? 파이팅을 외치며 기운을 북돋울 때
아하~ spirits 기분, 마음
직역 네 기분/마음을 위로 끌어올려 유지해!

A I don't know if I'll pass the test.
시험에 통과할지 모르겠어.
B Yes, you can. **Keep your spirits up!**
그럼, 넌 할 수 있어. 용기를 내!

❼ Knock yourself out.

마음껏 해봐.

언제? 눈치 보지 말고 실컷 하라고 북돋울 때
아하~ knock oneself out (정신을 잃을 만큼) 전력을 다하다, 신나게 마음껏 놀다
잠깐! 뭔가를 해도 되냐고 양해를 구하는 사람에게도 쓴다.

A Wow! It's the new Battle Station 4!
우와! 새로 나온 배틀스테이션 4군요!
B Come on. **Knock yourself out.** I know you love video games.
어서. **마음껏 해봐.** 너 비디오게임 마니아잖아.

❽ I wish you luck.

행운을 빈다.

언제? 일이 잘되라고 행운을 빌어줄 때
아하~ luck 행운
직역 나는 네게 행운을 소망한다.

A I heard you're going to study abroad. **I wish you luck.**
유학 간다고 들었어. 행운을 빈다.
B Thank you. Let's keep in touch.
고마워. 연락하고 지내자.

❾ I'll keep my fingers crossed.

잘되길 빌게.

언제? 기도하는 마음으로 좋은 결과를 빌어줄 때
잠깐! 검지와 중지를 꼬는 동작은 행운을 비는 의미

A Wow, I'm up next!
욱, 다음이 내 차례네!
B **I'll keep my fingers crossed.**
잘되길 빌게.

❿ You can do anything you set your mind to. 마음만 먹으면 뭔지 할 수 있어.

언제? 힘든 목표도 정신력으로 이뤄낼 수 있다고 격려할 때
아하~ set one's mind 마음을 먹다
직역 네가 하겠다고 마음먹은 건 뭐든지 할 수 있어.

A Dad, I don't have any courage anymore. I'm a loser.
아빠, 더 이상 용기가 나질 않아요. 전 실패자예요.
B No, you're not! **You can do anything you set your mind to.**
무슨 소리! 마음만 먹으면 뭐든지 할 수 있어.

❶ Keep your chin up.

기운 내.

언제? 풀이 죽어 있는 친구에게
잠깐! 턱(chin)을 올리고(up) 기운 내라는 뉘앙스

A I know this race meant a lot to you. Just **keep your chin up.**
이 경주가 네게 중요했다는 거 알아. 그래도 **기운 내.**
B Hmph! I should have practiced harder.
휴! 더 열심히 연습했어야 했는데.

❷ I'm so sorry.

참 안됐다.

언제? 안타까운 상황을 보거나 듣고
잠깐! 안타까운 소식을 들어서 내가 다 미안하다(sorry)는 뉘앙스

A I didn't get past my audition.
오디션에서 탈락했어.
B **I'm so sorry.** You have such a beautiful voice.
참 안됐다. 넌 목소리가 정말 아름다운데.

❸ Don't be so hard on yourself.

너무 자책하지 마.

언제? 자신의 잘못을 괴로워하는 사람에게
야하~ be hard on oneself 자신을 엄하게 대하다, 자책하다

A I shouldn't have unleashed your dog. I was careless.
네 개의 목줄을 풀어주는 게 아니었어. 내가 부주의했어.
B **Don't be so hard on yourself.**
너무 자책하지 마.

＊unleash (개 줄을) 풀어주다

❹ Put your mind at ease.

마음 편히 먹어.

언제? 불안·자책 등으로 힘들어하는 사람에게
야하~ at ease 편히

A What if a serial killer lives in this new neighborhood?
새로 이사온 이 동네에 연쇄 살인범이 살면 어떡하지?
B What are the chances of that? **Put your mind at ease.**
그럴 리가 있겠어? 마음 편히 먹어.

＊serial killer 연쇄 살인범 | chance 가능성

❺ Time heals all wounds.

시간이 약이야.

언제? 시간이 지나면 괜찮아질 거라고 위로할 때
야하~ heal 치료하다, 치유하다 | wound 상처
직역 시간이 모든 상처(all wounds)를 치유한다(heal).

A How did you overcome your sorrow?
어떻게 슬픔을 이겨냈니?
B **Time heals all wounds.**
시간이 약이더라.

❻ I know how you feel.

그 기분 알아.

언제? 상대방의 심정을 이해해주며 위로할 때
직역 나는 네가 어떻게 느끼는지 알아.

A I was this close to winning. Man!
우승하기까지 요만큼 모자랐다니까. 아이구야!
B **I know how you feel.** The same thing happened to me last year.
그 기분 알아. 나도 작년에 같은 경험을 했지.

❼ Don't be discouraged.

낙담하지 마.

언제? 실패해서 용기를 잃은 사람에게
야하~ be discouraged 낙담하다

A **Don't be discouraged.** There's always next year.
낙담하지 마. 내년이 있잖아.
B But I'll already be forty next year.
하지만 내년엔 벌써 마흔이야.

❽ Everything will be all right.

다 잘될 거야.

언제? 걱정과 불안에 사로잡힌 사람에게
잠깐! all right은 구어체에서 alright으로 표기하는 경우도 자주 접할 수 있다.

A I'm forty this year. What if I never get married?
올해 내 나이 마흔이야. 영원히 결혼 못하면 어쩌지?
B Don't worry. **Everything will be all right.**
걱정 마. 모든 게 잘될 거야.

❾ It could happen to anyone.

누구한테나 일어날 수 있는 일이야.

언제? 자신의 불행에 힘들어하는 사람에게
야하~ happen to ~에게 일어나다
잠깐! 가정해서 하는 말이기 때문에 can이 아니라 could를 쓴다.

A How could I be the victim of identity theft? It's not fair!
왜 하필 내가 신원 도용을 당한 거지? 억울해!
B **It could happen to anyone.**
누구한테나 일어날 수 있는 일이야.

＊identity theft 신원 도용

❿ My deepest condolences.

삼가 위로의 마음을 전해요.

언제? 장례식장에서 상주에게
야하~ condolence 애도, 조의

A Thank you for coming.
와줘서 고마워.
B **My deepest condolences.** Ben was a good man.
삼가 위로의 마음을 전해. 벤은 좋은 사람이었어.

❶ Good for you!

잘됐네!

언제? 상대의 좋은 일을 같이 기뻐해 줄 때
직역 너한테 잘된 일!

A I was selected as the captain of the soccer team.
축구부 주장으로 뽑혔어요.

B **Good for you!**
잘됐네!

＊be selected as ~로 뽑히다/선출되다

❷ Good call.

결정 잘했어.

언제? 상대의 결정이나 행동에 호응할 때
아하~ call 결정

A I opened the freezer to thaw it out.
냉동고 좀 녹이려고 문을 열었어.

B **Good call.** It was too icy.
결정 잘했어. 얼음이 너무 많이 꼈더라.

❸ That's more like it.

그게 훨씬 낫다!

언제? 드디어 마음에 드는 것을 찾았을 때
잠깐! 여기서 like는 '~다운', '~같은'이란 의미

A How about this music? Is it to your liking?
이 음악은 어때? 취향에 맞니?

B **That's more like it!**
그게 훨씬 낫다!

❹ I'm flattered.

과찬이세요.

언제? 칭찬을 듣고 겸손하게 응수할 때
아하~ be flattered (칭찬을 들어) 우쭐해지다
잠깐! That's flattering.이라고 해도 같은 의미

A You have the most beautiful voice in the world.
당신은 이 세상에서 가장 아름다운 목소리를 가졌군요.

B **I'm flattered.**
과찬이세요.

❺ I've got to hand it to you.

너 정말 대단하다.

언제? 상대의 솜씨를 인정하며 감탄을 섞어 말할 때
잠깐! 솜씨가 뛰어난 상대방에게 내가 '인정, 신용, 신뢰' 등을 건넨다(hand)는 뉘앙스

A Did you make all these dishes by yourself? **I've got to hand it to you.**
이 요리를 혼자 다 만든 거야? 너 정말 대단하다.

B Well, it wasn't that difficult.
뭐, 그렇게 힘들지는 않았어.

❻ What a relief!

정말 다행이다!

언제? 걱정했던 일이 해결됐을 때
아하~ relief 안도, 안심

A **What a relief!**
정말 다행이다!

B Yeah, I thought the due date was today.
그러게, 마감일이 오늘인 줄 알았네.

＊due date 마감일

❼ It was a blessing in disguise.

전화위복이었어.

언제? 불행인 줄 알았던 일이 좋은 기회가 됐을 때
직역 그것은 변장한(in disguise) 축복(blessing)이었다.

A **It was a blessing in disguise** that I was hospitalized.
내가 병원에 입원한 게 전화위복이었어.

B Yes, or else we wouldn't have met.
맞아, 그렇지 않았더라면 우린 못 만났을 거야.

＊or else (현재를 받으면) 그렇지 않으면, (과거를 받으면) 그렇지 않았더라면

❽ We're off to a good start.

시작이 좋은데.

언제? 처음부터 일이 잘 풀렸을 때
아하~ be off 출발하다, 떠나다

A Our team got an A in the first round. **We're off to a good start.**
우리 팀이 1라운드에서 A를 받았어. 시작이 좋은데.

B Great! Let's do well in the next round, too.
아자! 다음 라운드에서도 잘하자구.

❾ This too shall pass.

이 또한 지나갈 거야.

언제? 힘든 일을 겪고 있는 사람에게 희망을 주고 싶을 때
아하~ pass 지나가다, 통과하다

A What are we going to live on? We've lost everything!
앞으로 어떻게 먹고 살지? 모든 걸 잃었잖아!

B Let's not worry. **This too shall pass.**
걱정하지 말자. 이 또한 지나갈 거야.

＊live on ~을 먹고 살다

❿ I turned over a new leaf.

난 새 사람이 됐어.

언제? 안 좋은 습관이나 행동을 버리고 새로 거듭났다고 할 때
잠깐! 여기서 new leaf는 '인생의 새로운 장'을 의미

A Hey! How come you're not smoking?
어라! 어째서 너 담배 안 피우는데?

B Surprised, huh? **I turned over a new leaf.**
놀랐지? 난 새 사람이 됐어.

❶ You name it.
말만 해.

언제? 말하는 걸 다 들어주겠다고 할 때
아하~ name ~ 이름을 말하다

A You're really going to buy me anything I want?
정말 내가 원하는 거 아무거나 사줄 거지?
B Yup! **You name it.**
응! 말만 해.

❷ I'll see what I can do.
한번 알아볼게.

언제? 부탁을 받았을 때
잠깐! 내가 뭘 할 수 있는지(what I can do) 알아볼게(I'll see).

A Is there really no way to get this done? The deadline is tomorrow.
이걸 해낼 방법이 정말 없어? 마감이 내일인데.
B Hmm. **I'll see what I can do.**
음. 한번 알아볼게.

❸ I'll pitch in.
나도 십시일반 할게.

언제? 여럿이 조금씩 돈을 내서 모을 때
아하~ pitch in 동참하기 위해 돈을 내다
잠깐! 돈을 모으는 일 외에도 '힘을 보태다'는 의미로 두루 쓴다.

A We're collecting money for Mr. Harris. He's retiring next week.
해리스 씨를 위해 돈을 걷고 있어. 다음 주에 은퇴하시잖아.
B Oh, really? In that case, **I'll pitch in.**
아, 그래? 그렇다면 나도 십시일반 할게.

❹ It will come in handy.
도움이 될 거야.

언제? 도움이 될 만한 물건을 건네주면서
아하~ come in handy 쓸모가 있다, 도움이 되다

A Take this with you. **It will come in handy** in your vampire hunting.
이걸 가져가거나. 뱀파이어 사냥하는 데 도움이 될 거야.
B Thank you. What is it? Hey! It's garlic.
고마워요. 뭐지? 어! 마늘이네.

❺ If you scratch my back, I'll scratch yours.
우리 상부상조하자.

언제? 서로 돕자면서 거래를 제안할 때
직역 네가 내 등을 긁어주면(scratch), 나도 네 등을 긁어줄게.

A Why are you being so nice to me?
왜 저한테 이렇게 잘해주시는 거죠?
B Let's just say, **if you scratch my back, I'll scratch yours.**
그냥 이렇게 말해두지, 우리 상부상조하며 지내자고.

❻ It's very touching.
정말 감동적이야.

언제? 가슴을 울리는 감동이 느껴질 때
아하~ touching 감동적인

A I didn't expect you to propose. **It's very touching.**
네가 청혼하리라고는 예상하지 못했어. 정말 감동적이야.
B So, is it a "Yes?"
그러니까 청혼을 승낙하는 거야?
*I didn't expect you to do 네가 ~하리라고는 예상하지 못했다

❼ I'm overwhelmed.
가슴이 벅차다.

언제? 벅찬 감동이 밀려올 때
아하~ overwhelmed 격한 감정에 휩싸인

A Ta-dah! Surprised? Happy wedding anniversary!
짜잔! 놀랐지? 결혼기념일 축하해!
B Oh, my. **I'm overwhelmed** with joy.
어머. 너무 기뻐 가슴이 벅차.

❽ I'll make it up to you.
신세 갚을게.

언제? 감사를 전하며 은혜를 갚겠다고 할 때
아하~ make up 갚다, 보상하다

A This is the last time. I mean it.
이번이 마지막이다. 정말이야.
B Thank you! **I'll make it up to you** someday. I promise.
고마워! 언젠가 신세 갚을게, 약속해.

❾ Thank you for your comforting words.
위로해줘서 고마워.

언제? 위로를 받고 감사를 전할 때
아하~ comforting 위로가 되는
잠깐! Thank you for 뒤에 상황에 맞는 명사나 동명사 표현을 넣어 다양한 감사를 전할 수 있다.

A I'm sure your grandfather is resting in heaven.
네 할아버지는 하늘에서 잘 쉬고 계실 거야.
B **Thank you for your comforting words.**
위로해줘서 고마워.
*rest 쉬다

❿ It's a token of my appreciation.
내 감사의 표시야.

언제? 감사의 마음으로 선물을 건넬 때
아하~ token 표시 | appreciation 감사

A What's this? A wristwatch. But why?
이게 뭐야? 손목시계잖아, 하지만 왜?
B Please take it. **It's a token of my appreciation.**
받아줘. 내 감사의 표시야.
*wristwatch 손목시계

네이티브가
언제 어디서나 쓰는

일상생활 회화표현
500

배터리가 나갔을 때, 문자에 답이 없을 때, 맛집을 찾을 때, 음식을 입맛에 맞게
주문할 때, 미용실에서 머리를 할 때, 몸이 아플 때 등 일상생활 속 다양한 장소
와 상황에서 필요한 영어회화 표현을 익혀보세요.

❶ Is this a good time for you?

지금 통화 괜찮아?

언제? 전화를 걸어 먼저 매너 있게 상대의 상황을 파악할 때
아하~ good time 편한 시간대

A Hi, Victor. **Is this a good time for you?**
안녕, 빅터. **지금 통화 괜찮아?**

B Actually, no. I was in the middle of something.
실은 좀 그래. 내가 뭘 좀 하고 있었거든.

*be in the middle of (한창) ~를 하고 있는 중이다

❷ I'll call you back.

내가 이따 전화할게.

언제? 일이 생겨 전화를 끊어야 할 때
아하~ call someone back ~에게 (나중에 전화를) 다시 걸다

A Was that your doorbell ringing just now?
방금 너희 집 초인종 울린 것 맞지?

B Oh, yes. That must be the pizza delivery. **I'll call you back.**
응. 피자 배달 왔나 보다. **내가 이따 전화할게.**

❸ Sorry, I pocket dialed you.

미안해. 나도 모르게 걸렸어.

언제? 실수로 누군가에게 전화가 걸렸을 때
아하~ pocket dial 실수로 전화를 걸다 (주머니에 스마트폰을 넣고 있다가 저절로 버튼이 눌려 전화가 걸린 것에서 유래)

A Why didn't you say anything after calling me?
왜 나한테 전화를 걸고 아무 말도 안 했어?

B Oh, that? **Sorry, I pocket dialed you.**
아, 그거? **미안해. 나도 모르게 걸렸어.**

❹ Why are you ignoring my calls?

왜 계속 내 전화 안 받아?

언제? 전화를 계속 걸었는데도 안 받을 때
아하~ ignore (전화를 안 받고) 무시하다

A **Why are you ignoring my calls?**
왜 계속 내 전화 안 받아?

B Sorry. Someone stole my smartphone.
미안해. 누가 내 스마트폰을 훔쳐갔지 뭐야.

❺ I'm getting no service.

휴대폰이 안 터지네.

언제? 수신 문제로 휴대폰이 먹통일 때
아하~ service 전화연결 서비스

A Oh, no. **I'm getting no service.**
이런. 휴대폰이 안 터지네.

B It's because we're in the woods. Mine's not working, either.
우리가 숲 속에 들어와 있어서 그래. 내 것도 먹통이야.

*work (기계가) 작동하다

❻ You're breaking up.

자꾸 끊기네.

언제? 전화 속 상대방 목소리가 끊길 때
아하~ break up (휴대폰의 통화가) 끊기다

A **You're breaking up.** Let me call you again.
자꾸 끊기네. 내가 다시 걸어볼게.

B Huh? What did you say?
뭐? 뭐라고?

❼ I'm getting static.

잡음이 들려.

언제? 전화기에서 '지직' 하는 소리가 들릴 때
아하~ static (수신기의) 잡음

A Can you repeat that? **I'm getting static.**
다시 말해줄래? **잡음이 들려.**

B I see. Let me call you on my landline.
그렇구나. 내가 유선전화로 걸어볼게.

*landline 일반 전화

❽ I'm losing you.

잘 안 들려.

언제? 상대방 소리가 잘 안 들릴 때
아하~ lose (누구의 말을) 알아듣지 못하다, 안 들리다

A What? Darling, **I'm losing you.** Just hang up, okay?
뭐라고? 자기야, **잘 안 들려.** 그냥 끊어봐, 알았지?

B But I have something important to ask you.
하지만 중요한 거 물어볼 게 있단 말이야.

*hang up (전화를) 끊다

❾ I'm getting good reception.

연결 상태가 좋군.

언제? 통화 음질이 깔끔할 때
아하~ reception (텔레비전·전화 등의) 연결 상태, 수신 상태

A Phew! Finally **I'm getting good reception.** How about you?
휴! 이제야 **연결 상태가 좋군.** 넌 어때?

B Loud and clear!
아주 잘 들려!

❿ The line went dead.

전화가 끊겨버렸어.

언제? 통화 중에 갑자기 연결이 끊겼을 때
아하~ line 전화선 | go dead 전화 신호가 끊기다

A That's strange. **The line went dead.**
거 이상하네. **전화가 끊겨버렸어.**

B Maybe it's the weather. Let me go and open the window.
날씨 탓일 수도 있어. 가서 창문 좀 열게.

❶ Put your phone on vibrate.
휴대폰을 진동으로 해놔.

언제? **휴대폰이 울리는 것을 피해야 하는 상황에서**
아하~ vibrate (mode) 진동 모드
잠깐! 진동이나 무음 모드 등으로 '해놓는다'로 할 때는 동사 put을 쓴다.

A We're inside the theater. **Put your phone on vibrate.**
극장 안에 들어 왔으니 **핸드폰을 진동으로 해놔.**
B Don't worry. I've already turned it off.
걱정 마. 이미 꺼놨어.

❷ I put mine on silent.
무음으로 해놨어.

언제? **아예 소리가 안 나게 해놨을 때**
아하~ silent (mode) 무음 모드

A Why isn't your phone ringing?
어째서 네 전화기가 안 울리는 거지?
B Oh, I forgot. **I put mine on silent.**
아, 깜빡했다. **무음으로 해놨어.**

❸ Turn it off.
꺼버려.

언제? **휴대폰 전원을 끄라고 할 때**
아하~ turn ~ off (~의 전원을) 끄다
잠깐! 기계의 전원을 끄는 것은 turn off로, 전원을 켜는 것은 turn on으로 표현한다.

A Whose phone is that? **Turn it off.**
저거 누구 전화기야? **꺼버려.**
B Umm... Do I press this?
어⋯ 이걸 누르면 되나?

❹ I'm low on battery.
배터리가 얼마 없어.

언제? **배터리가 떨어져 갈 때**
아하~ be low on A A가 부족하다, 얼마 안 남다

A What's the matter?
왜 그래?
B Oh, no. **I'm low on battery.**
이런. **배터리가 얼마 없어.**

❺ My phone battery is dead.
내 휴대폰 배터리가 나갔어.

언제? **배터리 방전으로 휴대폰이 꺼졌을 때**
아하~ be dead (배터리 등이) 방전되다

A **My phone battery is dead.** Can I borrow your phone?
내 휴대폰 배터리가 나갔네. 네 핸드폰 좀 빌려도 될까?
B Okay, but make it short.
알았어, 근데 통화 짧게 해.

❻ I need to recharge my battery.
배터리를 충전해야 돼.

언제? **휴대폰 배터리를 충전해야 할 때**
아하~ recharge (배터리 등을) 재충전하다

A Could you wait a while? **I need to recharge my battery.**
좀 기다려 줄래? **배터리를 충전해야 돼.**
B Sure. Take your time.
물론이지. 천천히 해.

❼ Where's my charger?
충전기가 어디 갔지?

언제? **충전기가 안 보일 때**
아하~ charger 충전기

A **Where's my charger?** Do you have it?
충전기가 어디 갔지? 네가 가지고 있니?
B Oh, yes. It's inside my bag.
응. 내 가방 안에 있어.

❽ The battery goes out too quickly.
배터리가 너무 빨리 닳아.

언제? **얼마 안 썼는데 배터리가 닳았을 때**
아하~ go out (배터리 등이) 닳아 없어지다

A What don't you like about your smartphone?
네 스마트폰 어디가 마음에 안 드는데?
B I like the design and all, but **the battery goes out too quickly.**
디자인이랑 다 마음에 드는데, **배터리가 너무 빨리 닳아.**

*What don't you like about A? A의 어떤 점이 마음에 안 드니?

❾ My cell phone isn't working.
제 휴대폰이 고장 났어요.

언제? **휴대폰이 제대로 작동하지 않을 때**
아하~ work (기계가) 작동하다
잠깐! 휴대폰은 cell phone, cellular phone 등으로 말하는데, 특별한 경우가 아닌 한 보통 phone만 말해도 다 통한다.

A How can I help you, sir?
어떻게 도와드릴까요, 고객님?
B Hello. **My cell phone isn't working.**
안녕하세요. **제 휴대폰이 고장 났어요.**

❿ I'm going to get a new smartphone. 스마트폰을 바꿀 거야.

언제? **새 스마트폰을 장만하려 할 때**
아하~ get 사다, 장만하다
직역 난 새 스마트폰을 장만할 거야.

A You seem giddy today. What's up?
너 오늘 들떠 보인다. 왜 그래?
B **I'm going to get a new smartphone** at last.
드디어 **스마트폰을 바꿀 거야.**

*giddy (너무 좋아서) 들뜬

▸〈모의고사 26회〉 정답입니다.

Study053.mp3

❶ This is the latest model.
이건 최신 모델이야.

언제? 가장 최신 모델임을 자랑할 때
아하~ latest model 최신 모델
잠깐! latest 앞에 정관사 the를 붙여야 한다는 점에 주의

A Look! **This is the latest model.**
이것 봐! **이건 최신 모델이야.**
B Wow, it's amazing.
이야, 끝내주는데.

❷ It has many new features.
새로운 기능이 많아.

언제? 추가된 특징이나 기능을 뽐낼 때
아하~ feature 기능, 특징
직역 그것은 많은 새로운 기능을 갖고 있어.

A What's so great about this smartphone?
이 스마트폰이 뭐가 그렇게 대단한 거야?
B You don't know? **It has many new features.**
몰라? 새로운 기능이 많잖아.

❸ It's password protected.
비밀번호 걸어놨어.

언제? 남이 내 휴대폰을 함부로 이용하지 못하게 비밀번호를 걸어놨을 때
아하~ password protected 비밀번호로 보호 받고 있는

A I heard you lost your smartphone.
너 스마트폰 잃어버렸다면서.
B It's okay for now. **It's password protected.**
당분간은 괜찮아. **비밀번호 걸어놨거든.**

＊for now 당분간은, 현재로서는

❹ He's glued to his smartphone.
쟤는 스마트폰에서 눈을 떼질 않아.

언제? 스마트폰 중독 증세를 보일 때
아하~ be glued to (접착제로 붙여놓은 것처럼) ~에 열중하다
(glue 접착제, 접착제로 붙이다)

A What's Seungu doing alone in his room?
승우는 방에서 혼자 뭐 한다니?
B He's playing mobile games. **He's glued to his smartphone.**
모바일 게임 하고 있어. **쟤는 스마트폰에서 눈을 떼질 않아.**

❺ There's no WiFi connection.
와이파이가 안 터지네.

언제? 와이파이가 먹통일 때
아하~ connection 연결

A **There's no WiFi connection** here.
여긴 와이파이가 안 터지네.
B Should we move to another cafe nearby?
가까운 다른 카페로 옮길까?

❻ Do you use Kakao Talk?
너 카톡 해?

언제? 카톡으로 얘기하고 싶을 때
잠깐! 우리말은 '카톡 하다'라고 하지만, 영어로는 use Kakao Talk이라고 해야 한다.

A **Do you use Kakao Talk?**
너 카톡 해?
B No, I closed my account.
아니, 나 계정 탈퇴했어.

＊close one's account 계정을 닫다 (↔ open one's account)

❼ I'll text you later.
나중에 문자 보낼게.

언제? 문자나 카톡을 보내겠다고 할 때
아하~ text 문자 메시지를 보내다

A When should we meet?
우리 언제 만날까?
B I need to check my schedule. **I'll text you later.**
스케줄을 확인해야 하니까 **나중에 문자 보낼게.**

❽ She's ignoring my text messages.
걔가 내 문자를 계속 씹어.

언제? 문자를 보내도 계속 답신이 없을 때
아하~ ignore 무시하다 | text message 문자 메시지

A What are you so angry about?
왜 그렇게 뿔났어?
B You know my ex-girlfriend Helen? **She's ignoring my text messages.**
내 전 여자친구 헬렌 알지? **걔가 내 문자를 계속 씹어.**

＊ex-girlfriend 전 여자친구

❾ That was a typo.
그거 오타였어.

언제? 문자를 입력하다가 오타가 났을 때
아하~ typo 오타

A **That was a typo** just now. Ignore it.
방금 **그거 오타였어.** 그냥 무시해.
B Oh, no wonder.
아, 어쩐지.

❿ Can you invite me to your group chat?
단체 채팅방에 초대 좀 해줄래?

언제? 여러 명이 함께 모바일 채팅을 할 때
아하~ invite A to B A를 B에 초대하다 | group chat 단체 채팅

A I want to get to know your buddies. **Can you invite me to your group chat?**
네 친구들과 알고 지내고 싶어. **단체 채팅방에 초대 좀 해줄래?**
B Umm... I don't think that's a good idea.
어… 그건 좋은 생각이 아닌 것 같은데.

❶ Let's take a picture together.

같이 사진 찍자.

언제? 모임 기념으로 사진 찍자고 할 때
아하~ take a picture 사진 찍다

A I really enjoyed today's gathering.
오늘 모임 정말 즐거웠어.

B I almost forgot! **Let's take a picture together.**
깜빡할 뻔했네! 같이 사진 찍자.

*gathering 모임

❷ Can you take a picture of us?

저희 사진 좀 찍어주시겠어요?

언제? 행인에게 사진 좀 찍어달라고 할 때
아하~ take a picture of ~의 사진을 찍다
잠깐! 더 공손하게 말하고 싶다면 Can 대신 Could를 쓴다.

A Excuse me. **Can you take a picture of us?**
실례합니다만, 저희 사진 좀 찍어주시겠어요?

B Oh, sure.
아, 물론이죠.

❸ Just touch this.

요기 누르시면 돼요.

언제? 사진 찍어달라고 폰을 건네며 누르는 곳을 알려줄 때
직역 요기를 손가락으로 대세요.
잠깐! 화면의 메뉴버튼을 터치하는 것이니까, 이 경우 touch(터치하다, 대다)를 써도 되고, press(누르다)를 써도 된다.

A Can you tell me how to use it?
이거 어떻게 작동해요?

B **Just touch this.**
그냥 요기 누르시면 돼요.

❹ Let's use the selfie stick.

셀카봉을 사용하자.

언제? 셀카봉을 써서 사진을 찍자고 할 때
아하~ selfie stick 셀카봉
잠깐! selfie(셀카)는 self(스스로)에서 나온 신조어

A I don't think we can both fit in the frame.
우리 둘 다 사진 안에 못 들어갈 것 같아.

B Don't worry. **Let's use the selfie stick.**
걱정 마. 셀카봉을 사용하자.

*fit in the frame 프레임 안에 딱 들어맞다

❺ Keep still.

그대로 있어봐.

언제? 사진 찍을 테니 움직이지 말라고 할 때
아하~ still 가만히 있는

A Hurry up with the photograph.
사진 좀 빨리 찍어.

B **Keep still**, will you?
그대로 있어봐, 좀!

❻ Say cheese!

김치!

언제? 웃으라고 할 때
잠깐! cheese를 발음하면 자연스럽게 입 꼬리가 위로 올라가서 웃는 상이 된다.

A You guys are too serious. **Say cheese!**
너희들 표정이 너무 심각해. 김치!

B Just take it, already!
그냥 찍어라, 좀!

❼ Take one more shot.

한 번 더 찍어줘.

언제? 찍어주는 김에 한 번만 더 찍어달라고 할 때
아하~ shot 사진

A Are you satisfied? Can I go now?
만족하니? 이제 가도 돼?

B No, wait! **Take one more shot.**
아니야, 잠깐! 한 번 더 찍어줘.

❽ I was taking a selfie.

나 셀카 찍고 있었어.

언제? 자기 사진을 찍고 있었을 때
아하~ take a selfie 셀카를 찍다

A **I was taking a selfie.** Do you want to join me?
나 셀카 찍고 있었어. 같이 찍을래?

B No, thanks. You just keep taking them by yourself.
아냐, 괜찮아. 그냥 계속 너 혼자 찍어.

*keep -ing 계속 ~하다

❾ Here's my proof shot.

이게 내 인증샷이야.

언제? 증거사진을 자랑하고 싶을 때
아하~ proof shot 인증샷
잠깐! 뭔가를 건네거나 보여주면서 Here's something.(이거 ~야, 자, 여기 ~있어.) 식으로 말한다.

A I've finally been to Paris. **Here's my proof shot.**
나 드디어 파리에 갔다 왔다. 이게 내 인증샷이야.

B Oh, you took it in front of the Eiffel Tower.
아하, 에펠탑 앞에서 찍었구나.

❿ Send me that photo via messenger. 메신저로 그 사진 좀 보내줘.

언제? 휴대폰으로 사진을 전송해 달라고 할 때
아하~ via messenger 메신저로 (via ~을 통해)
잠깐! 카톡, 라인 등을 통틀어 (mobile) messenger라고 한다.

A You'll like your picture.
네 사진 마음에 들 걸.

B Really? **Send me that photo via messenger.**
정말? 메신저로 그 사진 좀 보내줘.

❶ Let's see how it came out.
어떻게 나왔는지 보자.

언제? 사진이 잘 나왔는지 궁금할 때
아하~ come out 나오다
잠깐! Let's see(어디 보자) 뒤에 how절을 쓰면 '어떻게 ~한지 어디 한번 보자'는 의미

A You didn't erase it, right? **Let's see how it came out.**
안 지웠지? 어떻게 나왔는지 보자.
B Oops, sorry! I just deleted it.
앗, 미안! 방금 삭제했어.
＊erase 지우다

❷ You're photogenic!
너 사진발 받는다!

언제? 실물보다 사진이 잘 나올 때
아하~ photogenic 사진이 잘 받는

A I didn't know until now, but **you're photogenic!**
지금껏 몰랐는데, 너 사진발 잘 받는다!
B Maybe it's because I have a small head.
어쩌면 내 두상이 작아서 그런지도 몰라.

❸ You look better in person.
넌 실물이 더 낫다.

언제? 사진보다 실물이 나을 때
아하~ in person 실물로, 직접
잠깐! 〈You look + 형용사(너 ~해 보인다)〉는 상대의 안색이나 외모를 얘기할 때 자주 쓰는 패턴

A To be honest, **you look better in person.**
솔직히 말하면 넌 실물이 더 낫다.
B I get that a lot. That's why I hate taking photos.
그런 말 많이 들어. 그래서 사진 찍는 거 너무 싫어해.

❹ This photo is so humiliating!
이 사진 완전 굴욕이야!

언제? 사진이 너무 이상하게 나왔을 때
아하~ humiliating 굴욕적인

A Erase it right now! **This photo is so humiliating!**
당장 지워! 이 사진 완전 굴욕이야!
B No, it's not. It looks natural.
아니야, 자연스러워 보이는데 뭘.

❺ It came out blurry.
흐릿하게 나왔어.

언제? 사진이 흐릿하게 나왔을 때
아하~ blurry 흐릿한

A Huh? **It came out blurry.**
어라? 흐릿하게 나왔네.
B Yeah. I sneezed while taking your picture.
그러게. 네 사진 찍어줄 때 내가 재채기를 했나 봐.
＊sneeze 재채기하다 | take one's picture ~의 사진을 찍다

❻ It was out of focus.
초점이 안 맞았어.

언제? 사진이 흐릿하게 나온 이유를 말할 때
아하~ out of focus 초점이 안 맞은 (focus 초점)

A The photograph is ruined again!
사진을 또 망쳤어!
B Yeah. **It was out of focus** this time.
그러게. 이번엔 초점이 안 맞았어.

❼ The photo was backlit.
사진이 역광으로 찍혔어.

언제? 햇빛을 마주보고 찍었을 때
아하~ backlit (사진, 그림 등의) 역광

A Oops. I was wrong. **The photo was backlit.**
이런. 내가 틀렸네. 사진이 역광으로 찍혔어.
B Let's see. Hey, I like it!
어디 보자. 어, 마음에 드는데!

❽ There's a red-eye effect.
적목현상이야.

언제? 눈이 토끼 눈처럼 빨갛게 나왔을 때
아하~ red-eye effect 적목현상

A Oh, my. My eyes look like a rabbit's.
저런. 내 눈이 토끼 눈처럼 나왔어.
B **There's a red-eye effect.** I'll take it again.
적목현상이야. 다시 찍어줄게.

❾ Sorry I photobombed you.
네 사진 망쳐서 미안해.

언제? 남의 사진에 끼어들어 망쳐놨을 때
아하~ photobomb (폭탄처럼) 다른 사람의 사진 촬영을 망치다

A Let's see. What! Whose giant head is this?
어디 보자. 이런! 누구 머리가 이렇게 큰 거야?
B Oh, it's me. **Sorry I photobombed you.**
아, 나야. 네 사진 망쳐서 미안해.

❿ Let's frame it.
액자에 넣자.

언제? 사진을 액자에 넣자고 할 때
아하~ frame 액자에 넣다

A I printed our picture. I love this picture.
우리 사진 인화했어. 이 사진 너무 마음에 든다.
B Great. **Let's frame it.**
좋아. 액자에 넣자.

Study056.mp3

❶ Is the food to your taste?

그 음식이 입에 맞니?

언제? 음식이 먹을 만한지 궁금할 때
아하~ be to one's taste ~의 입맛에 맞다 (taste 맛, 입맛)

A **Is the food to your taste?**
그 음식이 입에 맞니?

B Actually, it's a bit pungent.
실은 향이 좀 강해.

＊pungent (맛, 냄새가) 톡 쏘는 듯한

❷ It's red hot.

엄청 맵다.

언제? 입 안이 얼얼할 정도로 매울 때
아하~ red hot (뜨겁게 느껴질 정도로) 매운
잠깐! It's very spicy.도 같은 맥락의 표현으로, 양념이 맵다는 어감

A Why don't you try this Korean dish?
이 한국 요리 먹어보지 그래?

B Sure. Yikes! **It's red hot.**
그래. 으악! **엄청 맵다.**

❸ It's too bland.

너무 싱거워.

언제? 음식의 맛이 밋밋할 때
아하~ bland 맛이 밋밋한, 싱거운
잠깐! It's too salty. 너무 짜. (salty 맛이 짠)

A How do you like my cooking?
내 요리 어때?

B Umm, could you pass me the salt? **It's too bland.**
어, 소금 좀 건네줄래? **너무 싱거워.**

❹ It's too sweet for my taste.

내 입엔 너무 달아.

언제? 내가 단맛을 별로 안 좋아할 때
아하~ for one's taste 내 입맛에는

A Why don't you have some more?
더 먹지 그래?

B No, thank you. **It's too sweet for my taste.**
아니, 괜찮아. **내 입엔 너무 달아.**

❺ It's sweet and sour.

새콤달콤한데.

언제? 단맛과 신맛이 동시에 느껴질 때
아하~ sour 신, 시큼한

A How would you describe the flavor?
맛을 어떻게 표현하시겠어요?

B Hmm. **It's sweet and sour.**
흠. **새콤달콤하군요.**

❻ It has a bittersweet taste.

달콤 쌉쌀한 맛이 나네.

언제? 단맛과 쓴맛이 동시에 느껴질 때
아하~ bittersweet 달콤 쌉쌀한

A **It has a bittersweet taste.**
달콤 쌉쌀한 맛이 나네.

B Try to guess the name of the dish.
요리의 이름을 맞춰봐.

❼ It's too oily.

너무 느끼해.

언제? 기름기 때문에 속이 니글거릴 때
아하~ oily 기름 맛이 나는, 느끼한

A How do you find Japanese ramen?
일본식 라면은 입에 맞니?

B **It's too oily** for my taste.
내 입엔 **너무 느끼해.**

❽ It has a savory taste.

감칠맛 난다.

언제? 음식 맛이 입에 착착 감길 때
아하~ savory taste 감칠맛

A Wow! **It has a savory taste.** I would like another helping.
우와! **감칠맛 난다.** 한 접시 더 줘.

B But that would be your fourth helping!
하지만 그러면 네 그릇 째야!

＊helping (한 사람 몫으로 덜어주는 음식의) 양, 그릇

❾ It's rich and flavorful.

맛이 진하고 풍부해.

언제? 깊은 맛과 풍미가 느껴질 때
아하~ rich (맛이) 진한 | flavorful (맛이) 풍부한

A Is the sauce a bit bland for you?
소스가 너한테 좀 싱겁니?

B No, not at all. **It's rich and flavorful.**
아니, 전혀. **맛이 진하고 풍부해.**

❿ It has a unique taste.

독특한 맛이 나.

언제? 음식의 맛이 특이할 때
아하~ unique 독특한

A Try this ramen. **It has a unique taste.**
이 라면 먹어봐. **독특한 맛이 나.**

B Really? Oh, it's got ginger in it!
정말? 아, 생강이 들어 있네!

＊ginger 생강

❶ It's fantastic!

정말 맛있다!

언제? 음식이 정말 맛있을 때
아하~ fantastic 맛이 환상적인, 정말 맛있는
잠깐! It's amazing! '놀라울 정도로 맛있다, 기가 막히게 맛있다'는 어감

A Is the food to your taste?
음식이 입에 맞니?

B **It's fantastic!** I think there's a reason why a lot of people love it.
정말 맛있네! 사람들이 많이 찾는 데는 다 이유가 있구나.

＊there's a reason why ~ ~하는 데는 이유가 있다

❷ It was an excellent meal.

훌륭한 식사였어.

언제? 방금 끝낸 식사가 매우 맛있고 만족스러워 칭찬하고 싶을 때
아하~ excellent 훌륭한, 탁월한, 끝내주는
meal 정식으로 먹는 식사, 끼니, 밥
잠깐! 방금 끝낸 식사의 어감을 좀 더 가깝게 표현하고 싶다면 It 대신 This를 쓰면 좋다.

A Wow! **It was an excellent meal.**
와! 훌륭한 식사였어.

B I know. I heard the chef has 15 years of experience at the city's most famous hotel restaurant.
그러게. 여기 셰프가 이 도시에서 제일 유명한 호텔 식당에서 15년을 일했대.

❸ It has a good aftertaste.

끝맛이 좋은데.

언제? 음식을 먹은 후 여운이 좋을 때
아하~ aftertaste 끝맛, 여운

A Yummy! What kind of condiments did you use? **It has a good aftertaste.**
맛있다! 무슨 양념을 썼어? 끝맛이 좋은데.

B My mother-in-law won't tell me.
시어머니가 안 알려주시네.

＊condiment 양념, 소스

❹ I don't like the aroma.

난 저 향이 싫어.

언제? 음식의 향에 거부감이 느껴질 때
아하~ aroma 향기, 향내

A Why are you covering your nose?
왜 코를 감싸고 있어?

B It's that exotic food. **I don't like the aroma.**
저 이국적인 음식 때문이야. 난 저 향이 싫어.

＊exotic 이국적인

❺ The rice is mushy.

밥이 질어.

언제? 물을 너무 많이 넣고 밥을 했을 때
아하~ mushy 흐물흐물한, 곤죽 같은

A Mom! **The rice is mushy.**
엄마! 밥이 질어요.

B Oh, really? Maybe I put in too much water.
어머, 그러니? 물을 너무 많이 넣었나 보구나.

❻ It's gone flat.

김이 빠졌어.

언제? 탄산음료를 따라뒀더니 김이 빠졌을 때
아하~ go flat (탄산음료의) 거품이 빠지다

A Hey, don't drink this coke. **It's gone flat.**
야, 이 콜라 마시지 마. 김이 빠졌어.

B I don't mind. In fact, I prefer it.
상관없어. 실은 이게 더 좋아.

＊in fact 실은

❼ The broth is refreshing!

국물이 시원하다!

언제? 국물 맛이 개운할 때
아하~ broth 국, 스프 | refreshing (개운하게) 시원한

A **The broth is refreshing!**
국물이 시원하네요!

B In Korea, people drink this as a hangover remedy.
한국에서는 이걸 숙취 해소용으로 마신답니다.

＊hangover remedy 숙취 해소

❽ My noodles have gone soggy.

내 국수가 불어 터졌어.

언제? 시간이 지나면서 국수가 불었을 때
아하~ noodles 국수 | go soggy (국수 등이) 붇다

A **My noodles have gone soggy.**
내 국수가 불어 터졌네.

B That's why you should talk less and eat.
그러니까 말 좀 덜하고 먹어야지.

❾ Rice goes well with laver.

쌀밥은 김이랑 잘 어울려.

언제? 같이 먹으면 더 맛있는 음식에 대해 이야기할 때
아하~ go well with ~와 잘 어울리다 | laver 김

A **Rice goes well with laver.** They're my favorite combination.
쌀밥은 김이랑 잘 어울려, 내가 제일 좋아하는 조합이야.

B You should eat some meat, too.
고기도 좀 먹고 그래라.

❿ The coffee is lukewarm.

커피가 미지근해.

언제? 커피가 식었을 때
아하~ lukewarm 미지근한

A Excuse me. **The coffee is lukewarm.**
저기요. 커피가 미지근해요.

B Sorry, sir. I'll get you another one.
죄송합니다. 손님. 다른 걸로 갖다 드릴게요.

❶ I'm a picky eater.

내가 입맛이 까다로워.

언제? 음식을 가려서 먹는 스타일일 때
아하~ picky 까다로운

A I give up. Let's just not eat.
나 포기했어. 그냥 먹지 말자.
B Frustrating, huh? **I'm a picky eater.**
짜증나지? **내가 입맛이 까다로워.**

*frustrating 짜증나는

❷ I have a big appetite.

나는 대식가야.

언제? 2~3인분은 거뜬히 먹는 스타일일 때
아하~ appetite 식욕

A You're ordering a hamburger set? We just had pizza!
햄버거 세트를 주문하겠다고? 우리 방금 피자 먹었잖아!
B You didn't know? **I have a big appetite.**
몰랐니? **나 대식가야.**

❸ He loves snacking.

쟤는 군것질을 너무 좋아해.

언제? 간식을 달고 사는 사람일 때
아하~ snack 군것질하다, 간식 먹다

A What's he doing in the kitchen? It's not lunch time yet.
쟤 부엌에서 뭐 하나? 아직 점심시간 아니잖아.
B Leave him be. **He loves snacking.**
내버려둬. **쟤는 군것질을 너무 좋아해.**

❹ I have a sweet tooth.

난 단것을 좋아해.

언제? 단 음식을 즐기는 스타일일 때
아하~ have a sweet tooth 단것을 즐기다/좋아하다
잠깐! 달콤한 이(tooth)를 가져서 단 것을 좋아한다는 재미있는 표현

A What are all these candies in your handbag?
너 가방 안에 이 사탕들은 다 뭐야?
B **I have a sweet tooth.** Do you want some?
내가 단 것을 좋아하잖아. 너도 좀 먹을래?

❺ Raw fish doesn't agree with me.

난 날 생선은 못 먹어.

언제? 특정 음식이 몸에 안 받는다고 할 때
아하~ raw fish 날 생선 | agree with ~와 잘 맞다

A I'd like to treat you at a Japanese restaurant.
일식당에 가서 대접하고 싶은데요.
B Sorry. **Raw fish doesn't agree with me.**
미안해요. **저는 날 생선을 못 먹어요.**

*treat someone ~를 대접하다

❻ I'm a vegetarian.

나는 채식주의자야.

언제? 채식만 한다고 할 때
아하~ vegetarian 채식주의자
잠깐! 고기는 물론 우유, 달걀도 먹지 않는 '엄격한 채식주의자'는 특히 vegan이라고 한다.

A Here's a sirloin steak I made for you.
자, 내가 너를 위해 만든 등심 스테이크야.
B I'm sorry, but **I'm a vegetarian.**
미안하지만 **나는 채식주의자야.**

*sirloin steak 등심 스테이크

❼ I like strong coffee.

난 진한 커피를 좋아해.

언제? 커피 농도에 대한 취향을 말할 때
아하~ strong coffee 진한 커피 (cf. weak coffee 연한 커피)

A **I like strong coffee.** For the aroma.
난 진한 커피를 좋아해. 커피향 때문이지.
B Yeah, and it also helps you to stay awake better.
맞아, 그리고 잠 깨는 데 더 도움이 되잖아.

*help A (to) do A가 ~하는 데 도움이 되다

❽ I usually drink green tea.

난 주로 녹차를 마셔.

언제? 커피보다는 차를 즐긴다면
아하~ usually 주로 | green tea 녹차
잠깐! '나는 주로 ~한다'는 〈I usually + 현재동사 ~〉의 패턴을 사용한다.

A Do you like to drink coffee?
커피 마시는 거 좋아하니?
B Not really. **I usually drink green tea.**
아니, 별로. **난 주로 녹차를 마셔.**

❾ I prefer black tea to coffee.

난 커피보다 홍차를 좋아해.

언제? 더 선호하는 음료를 말할 때
아하~ prefer A to B B보다 A를 선호하다 | black tea 홍차
잠깐! '홍차'는 red tea가 아니라 black tea이다.

A How about a cup of coffee?
커피 한잔 어때?
B **I prefer black tea to coffee.** Hope they have it here.
난 커피보다 홍차를 좋아해. 여기서 팔면 좋겠는데.

❿ Tea calms my nerves.

차는 내 기분을 안정시켜줘.

언제? 내가 차를 즐기는 이유를 말할 때
아하~ calm 진정시키다 | nerve 신경, 긴장

A Why do you drink tea all the time?
넌 왜 항상 차를 마시나?
B Oh, it's because **tea calms my nerves.**
아, 왜냐면 **차는 내 기분을 안정시켜 주거든.**

▶ 〈모의고사 29회〉 정답입니다.

❶ I'm starving.
배고파 죽겠어.

언제?	허기져서 죽을 것 같을 때
아하~	starve 굶주리다, 굶어 죽다
잠깐!	더 강조해서 말하고 싶을 때는 I'm starving to death.

A **I'm starving.** What's for dinner?
배고파 죽겠어요. 저녁밥은 뭐예요?

B Sorry. I forgot to pick up any groceries.
미안. 장보는 걸 깜빡했네.

❷ My stomach is growling.
배에서 꼬르륵 소리가 나.

언제?	뱃속에서 배고프다고 신호를 보낼 때
아하~	growl 으르렁거리다

A **My stomach is growling.**
배에서 꼬르륵 소리가 나.

B Just a little longer. The ramen is almost ready.
조금만 더 기다려. 라면 거의 다 됐어.

*almost ready 거의 다 된

❸ I crave pizza.
피자가 당겨.

언제?	특정 음식이 너무 먹고 싶을 때
아하~	crave 당기다, 간절히 원하다

A **I crave pizza.** Let's order some.
피자가 당겨. 시키자.

B It's 11:30 p.m. Sure you won't regret it?
지금 밤 11시 반이야. 후회 안 할 자신 있어?

❹ I've lost my appetite.
입맛이 없어.

언제?	질병·스트레스 등으로 식욕이 없을 때
아하~	appetite 식욕
직역	나는 식욕을 잃었어.

A What's wrong? You haven't touched your food.
왜 그래? 음식에 손도 안 댔네.

B **I've lost my appetite.** Maybe it's the stress.
입맛이 없어. 스트레스 때문인가 봐.

❺ Let's grab a bite.
뭐 좀 간단히 먹자.

언제?	간단하게 끼니를 때우자고 할 때
아하~	grab a bite 간단히 먹다

A I'm feeling peckish. **Let's grab a bite.**
출출하네. 뭐 좀 간단히 먹자.

B I don't think that's wise. It'll be lunch time soon.
좋은 생각이 아닌 것 같아. 곧 점심시간이잖아.

*peckish 약간 배가 고픈

❻ Let's eat out.
외식하자.

언제?	밥을 식당에서 사 먹자고 할 때
아하~	eat out 외식하다

A I don't feel like making dinner. **Let's eat out.**
저녁 하기 싫네. 외식하자.

B Okay. But I thought you were on a diet?
알았어. 근데 너 다이어트 중인 줄 알았는데?

*I don't feel like -ing ~하고 싶지 않다

❼ How about Chinese?
중국 음식 어때?

언제?	메뉴를 제안할 때
아하~	How about ~? (제안하면서) ~ 어때?
	Chinese (food) 중국 음식

A Darn, choosing what to eat every day is so cumbersome!
젠장, 매일 뭐 먹을지 정하는 것도 성가시다!

B **How about Chinese?**
중국 음식 어때?

*cumbersome 성가신, 번거로운

❽ Let's get some sushi to go.
초밥을 포장해 가자.

언제?	식당에서 먹지 않고 테이크아웃하자고 할 때
아하~	sushi 초밥 | to go (음식을 식당에서 먹지 않고) 가지고 갈, 포장해 갈
직역	포장해 갈 초밥을 좀 사자.

A Hungry? **Let's get some sushi to go.**
배고프지? 초밥을 포장해 가자.

B Oh, can you do that? Great.
아, 그럴 수도 있니? 좋아.

❾ It just opened.
여기 새로 생겼어.

언제?	새로 문을 연 식당을 가리키며
아하~	open 문을 열다, 개업하다
잠깐!	그 식당에 '한번 가보자.'고 할 때는 Let's check it out.
	(check ~ out ~을 확인하다)

A This restaurant looks very old.
이 식당은 되게 오래 돼 보인다.

B No, no. **It just opened.**
아니야. 여기 새로 생겼어.

❿ Find me a great restaurant.
맛집 좀 찾아줘.

언제?	맛있는 음식을 먹고 싶을 때
아하~	great restaurant 맛집
잠깐!	맛집에 '손님이 미어터진다.'고 할 때는 It's bustling with
	customers. (be bustling with ~로 부산하다, 북적거리다)

A Hey! **Find me a great restaurant.**
이봐! 맛집 좀 찾아줘.

B Okay. I'll look one up for you, but you're buying.
알았어. 널 위해 검색해주지. 대신 네가 사는 거다.

*look up (인터넷 등에서 특정정보를) 검색하다

❶ How long is the wait?

얼마나 기다려야 하나요?

언제? 줄 서서 기다리는 사람들이 많을 때
아하~ wait 기다림, 대기

A **How long is the wait?**
얼마나 기다려야 하나요?
B It won't take long now, sir.
이제 얼마 안 걸릴 겁니다, 손님.

❷ What's the house specialty?

이 집에서 잘하는 게 뭐죠?

언제? 식당의 전문 메뉴를 물어볼 때
아하~ house specialty (그 식당에서) 가장 잘하는 음식

A It's our first visit here. Umm, **what's the house specialty?**
처음 와 보는 거라 그러는데요. 어, **이 집에서 잘하는 게 뭐죠?**
B Everything, sir.
다 잘합니다, 손님.

❸ Two servings of pork belly.

삼겹살 2인분 주세요.

언제? 주문하면서 몇 인분인지 말할 때
아하~ serving 음식의 1인분 | pork belly 삼겹살

A Are you ready to order, sir?
주문하시겠습니까, 손님?
B **Two servings of pork belly** to start with, please.
우선 삼겹살 2인분 주세요.
＊Are you ready to do ~? ~할 준비 됐어요?

❹ I'll have the same.

저도 같은 걸로 주세요.

언제? 옆 사람과 같은 메뉴를 시킬 때
아하~ I'll have ~ (메뉴를 고르면서) ~로 할래 | the same 같은 것
잠깐! 새로운 음식에 도전해보고 싶을 때는 〈I'll try + 음식〉

A I'll have the Gorgonzola pizza.
고르곤졸라 피자로 주문할게요.
B **I'll have the same.**
저도 같은 걸로 주세요.

❺ Make it a double.

곱빼기로 주세요.

언제? 많은 양을 먹고 싶을 때
아하~ double 두 배
직역 그것을 두 배로 해 주세요.

A Would that be all, sir?
다 주문하셨나요, 손님?
B Oh, wait. **Make it a double.**
아, 잠깐. **곱빼기로 주세요.**

❻ Hold the onions.

양파는 빼주세요.

언제? 특정 재료를 넣지 말라고 요청할 때
아하~ Hold ~ ~을 넣지 마세요

A What would you like in your sandwich?
샌드위치에 뭐 넣어드릴까요?
B Everything, but **hold the onions**, please.
양파만 빼고, 다 넣어주세요.

❼ I'll just have lemonade.

그냥 레모네이드로 할래.

언제? 원하는 음료를 고를 때
아하~ I'll have ~ (메뉴를 고르면서) ~로 할래

A What would you like to drink? How about a beer?
뭘 마실래? 맥주는 어때?
B **I'll just have lemonade.**
그냥 레모네이드로 할래.

❽ Do you have soda?

탄산음료 있나요?

언제? 콜라·사이다 같은 음료를 원할 때
아하~ soda 탄산음료

A **Do you have soda?**
탄산음료 있나요?
B I'm sorry, sir. We're out of soda at the moment.
죄송해요, 손님. 탄산음료가 마침 떨어졌네요.

❾ Water is self-served.

물은 셀프예요.

언제? 물을 직접 갖다 먹어야 할 때
아하~ be self-served 셀프 서비스이다
직역 물은 스스로 제공되는 거예요.

A Excuse me. Can you get me some water?
여기요. 물 좀 갖다 주실래요?
B Umm. **Water is self-served.**
음. **물은 셀프예요.**

❿ It's on the house.

이건 서비스입니다.

언제? 식당에서 서비스로 음식을 줄 때
아하~ on the house (술집이나 식당에서 술·음식이) 서비스로 제공되는

A What? Umm, I didn't order this cocktail.
뭐지? 저기, 이 칵테일 안 시켰는데요.
B **It's on the house.**
이건 서비스입니다.

❶ Let's dig in.

어서 먹자.

언제? 삽으로 파듯 마음껏 먹자고 할 때
아하~ dig in (명령문의 형태로 써서) 먹어라, 먹기 시작해라

A Here's pizza, hamburgers, and potato salad. **Let's dig in.**
피자, 햄버거, 감자 샐러드야. **어서 먹자.**

B Yeah, let's. Happy birthday, man!
그래, 그러자. 생일 축하해!

❷ Please help yourself.

마음껏 드세요.

언제? 집주인이 손님에게 음식을 대접하며
잠깐! 원하는 음식을 알아서 마음껏 덜어가라는 뉘앙스

A Welcome to my housewarming party. **Please help yourself.**
집들이에 오신 것을 환영합니다. **마음껏 드세요.**

B Thank you. Oh, look at all this food!
고마워요. 어머, 이 음식들 좀 봐!

＊housewarming party 집들이

❸ My mouth is watering.

군침 도네.

언제? 음식을 보고 침이 고일 때
아하~ water 군침이 돌다

A **My mouth is watering.** Let's order what's on TV.
군침 도네. 텔레비전에 나온 것을 시키자.

B But it's half past eleven at night.
하지만 밤 11시 반이야.

❹ Eat it in one bite.

한 입에 먹어.

언제? 베어 먹지 말고 한 입에 먹으라고 알려줄 때
아하~ in one bite 한 입에 (bite (음식의) 한 입)

A How do you eat this seafood?
이 해산물은 어떻게 먹는 거야?

B **Eat it in one bite.** Like this.
한 입에 먹어. 이렇게.

❺ Can I have a bite?

한 입만 줄래?

언제? 옆 사람 음식을 맛보고 싶을 때
아하~ have a bite 한 입 먹다

A **Can I have a bite?** I've finished mine.
한 입만 줄래? 내 건 다 먹었어.

B Even though I have a cold? Okay, here you go.
내가 감기 걸렸는데도? 알았어. 자.

＊cold 감기

❻ Just a sip.

딱 한 모금만.

언제? 음료수를 한 모금만 마신다고 할 때
아하~ sip (아주 적은 양의) 한 모금
잠깐! 딱 하나만 달라고 주문할 때는 간단히 Just 뒤에 음식명을 말해도 된다.

A No, get away from that whisky bottle!
안 돼, 그 위스키병에 손 대지 마!

B Darn, you caught me. Oh, come on, dear. **Just a sip.**
젠장, 들켰군. 자기야, 응? 딱 한 모금만.

❼ Another helping, please.

한 그릇 더 주세요.

언제? 음식을 더 먹고 싶을 때
아하~ helping (식사 때 한 사람이 먹는) 양, 그릇
잠깐! '하나 더' 달라고 할 때는 helping이나 음식명 앞에 another를 붙이면 간단히 해결된다.

A There's plenty of food. So if you want...
음식은 많이 있단다. 그러니 원한다면…

B Really? **Another helping, please.**
정말요? 한 그릇 더 주세요.

❽ Check, please.

계산서 좀 주시겠어요?

언제? 식사가 끝난 후 계산서를 요청할 때
아하~ check 계산서
잠깐! bill(계산서)은 건물 사용 고지서 및 청구서 등에 더 잘 쓰이는 단어

A **Check, please.**
계산서 좀 주시겠어요?

B Here it is. Did you enjoy your meal?
여기 있습니다. 식사는 맛있게 하셨습니까?

❾ Is this coupon valid?

이 쿠폰이 유효한가요?

언제? 쿠폰 기간이 유효한지 확인할 때
아하~ valid (법적·공식적으로) 유효한
잠깐! coupon은 [쿠-판] 또는 [큐-판]에 가깝게 발음한다.

A Excuse me. **Is this coupon valid?**
저기요. 이 쿠폰이 유효한가요?

B Let's see. Oh, this is not a coupon from our store.
어디 보자. 어, 이건 저희 가게 쿠폰이 아닌데요.

❿ Let's go Dutch.

각자 내자.

언제? 먹은 것을 각자 계산하자고 할 때
아하~ go Dutch 각자 계산하다 (네덜란드 사람들(Dutch)의 풍습에서 유래)
잠깐! Let's split it. 반반씩 내자.
It's on me (this time). (이번에는) 내가 쏠게.

A Isn't it your turn to buy lunch?
이번엔 네가 점심 살 차례 아니야?

B No, I don't think so. **Let's go Dutch.**
아니, 아닌 것 같은데. 각자 내자.

❶ He's not even 170 cm tall.

걔는 170cm도 안 돼.

언제? 사실은 키가 크지 않다고 말할 때
아하~ be not even ~도 안 되다
잠깐! He's tall/short. (기본표현) 걔는 키가 커/작아.

A How tall is your boyfriend?
네 남자친구 키는 얼마야?
B **He's not even 170 cm tall.** He's shorter than me.
걔는 170cm도 안 돼. 나보다 작아.

❷ She grew 10 cm in a year.

걔는 1년에 10cm 컸어.

언제? 1년에 얼마나 컸는지 말할 때
아하~ grow 자라다

A You know Sophia, right? Man! **She grew 10 cm in a year.**
너 소피아 알지? 우와! 걔는 1년에 10cm 컸어.
B Holy smokes! What's her secret?
우와! 비결이 뭘까?

❸ Look how you've grown!

많이 컸구나!

언제? 오랜만에 본 아이가 쑥 자랐을 때
직역 네가 얼마나 자랐는지 좀 봐!

A Hello, Aunt Clara. It's been five years, huh?
안녕하세요, 클라라 고모. 5년 만이죠?
B Ted! **Look how you've grown!**
테드! 많이 컸구나!

❹ He's a bit chubby.

걔는 약간 통통해.

언제? 살이 좀 찐 체형일 때
아하~ chubby 통통한, 토실토실한
잠깐! '약간, 좀'을 뜻하는 말로 a bit 대신 a little이나 kind of를 써도 된다.

A Did you say your boyfriend was a bodybuilder?
네 남자친구가 보디빌더라고 했던가?
B No, he quit after he met me. Now **he's a bit chubby.**
아니. 날 만나고 나서 관뒀어. 이젠 **약간 통통해.**

❺ He's well-built.

걔는 체격이 좋아.

언제? 다부지고 탄탄한 몸을 가지고 있을 때
아하~ well-built 체격이 좋은

A Describe the suspect's appearance for me.
저에게 용의자의 외모를 묘사해 주세요.
B Well, **he's well-built,** tall, and handsome.
음. 체격이 좋고, 키가 크고, 잘생겼어요.

*suspect 용의자, 혐의자

❻ She's of medium height and slim.

걔는 키가 보통이고 날씬해.

언제? 평균 키에 날씬한 몸매일 때
아하~ of medium height 보통 키인 | slim 날씬한
잠깐! She's average height. 걔는 보통 키야.
She's average weight. 걔는 보통 몸무게야.

A Tell me about Belinda. I'm so excited to meet her.
벨린다에 대해 말해줘. 그녀와의 만남이 너무 기대돼.
B Well, **she's of medium height and slim.**
음. 걔는 키가 보통이고 날씬해.

❼ She has double eyelids.

걔는 쌍꺼풀이 있어.

언제? 눈에 쌍꺼풀이 있을 때
아하~ double eyelid 쌍꺼풀
잠깐! 보통 양쪽 눈 모두를 가리키니까, 이때 쌍꺼풀은 복수 double eyelids로 쓴다.

A Mom, I really envy Sharon. **She has double eyelids.**
엄마, 사론이 너무 부러워요. 걔는 쌍꺼풀이 있어요.
B Don't worry, dear. I've been saving up some money.
걱정 말거라, 얘야. 엄마가 돈을 모으고 있단다.

❽ He has dimples.

걔는 보조개가 있어.

언제? 웃을 때마다 보조개가 보일 때
아하~ dimple 보조개
잠깐! 마찬가지 이유로 복수형 dimples로 쓴다.

A What do you see in him?
걔가 어디가 그렇게 좋아?
B **He has dimples** that I love.
내가 사랑하는 보조개를 갖고 있어.

❾ He's got a pot belly.

그는 배가 나왔어.

언제? 복부지방 때문에 배가 나왔을 때
아하~ pot belly 복부에 지방이 많이 쌓여서 생긴 불룩한 배
잠깐! '맥주를 많이 마셔서 나온 배'는 beer belly라고 한다.

A Would these trousers fit your Dad?
이 바지가 너희 아빠한테 맞을까?
B They need to be bigger. **He's got a pot belly.**
더 커야 돼. **배가 나왔거든.**

❿ He's got killer abs.

그 남자 복근이 끝내줘.

언제? 초콜릿 복근에 감탄할 때
아하~ killer (멋져서) 끝내주는 것
abs 복근 (abdominal muscles의 약자)
잠깐! '식스팩'은 six pack abs라고 한다.

A So you went swimming with Paul? Is he a good swimmer?
폴이랑 수영하러 갔다며? 그 사람 수영 잘해?
B **He's got killer abs.**
그 남자 복근이 끝내줘.

❶ I've gained weight.
나 살쪘어.

언제? 최근 들어 몸에 살이 붙었을 때
아하~ gain weight 살이 찌다
잠깐! 몸에 살이 붙어 늘 입던 옷이 안 맞거나 할 때 써보자.

A Your shirt is ripped. Have you maybe...?
셔츠가 찢어졌네. 너 혹시…?
B Yeah, I know. **I've gained weight.**
그래, 알아. **나 살쪘어.**

❷ I've put on some weight.
나 살이 좀 쪘어.

언제? 최근 들어 몸에 살이 붙었을 때
아하~ put on weight 살이 찌다 (= gain weight)
잠깐! weight 앞에 some을 붙이면 '좀'이란 어감이 생기는데, 사실 우리말로는 '나 살쪘어.'와 크게 다르지 않다.

A **I've put on some weight** recently.
요즘 나 살이 좀 쪘어.
B No, you haven't at all.
아니, 전혀 아닌데.

❸ I'm extremely obese.
나 고도비만이야.

언제? 비만의 정도가 심할 상태일 때
아하~ extremely 극도로, 극히
obese [oubíːs] 비만인 (cf. obesity 비만)

A **I'm extremely obese.** Dr. Kim told me to lose at least 5 kgs in a month.
나 고도비만이야. 김 선생님이 한 달 안에 최소 5킬로를 빼래.
B Why don't you get liposuction?
지방 흡입술을 받아보는 건 어때?

∗liposuction 지방 흡입술

❹ I'm losing my hair.
머리가 빠지고 있어.

언제? 머리카락이 자꾸 빠질 때
아하~ lose one's hair 머리가 빠지다

A Why are you wearing a hat? It's nighttime.
왜 모자를 쓰고 있어? 밤이잖아.
B To tell you the truth, **I'm losing my hair.**
실은 말이야. 나 머리가 빠지고 있어.

❺ My hairline is receding.
머리가 벗겨지고 있어.

언제? 앞머리가 빠져 이마가 점점 넓어질 때
아하~ hairline 이마와 머리카락의 경계선 | recede (머리가) 벗겨지다

A I'm thinking of wearing a wig. **My hairline is receding.**
가발을 쓸까 봐. 머리가 벗겨지고 있어.
B You look fine. Don't worry.
괜찮은데 뭐. 걱정하지 마.

❻ My hair is so rough.
난 머릿결이 너무 안 좋아.

언제? 거칠고 뻣뻣한 머릿결이 불만일 때
아하~ rough 거친

A **My hair is so rough.** What should I do?
난 머릿결이 너무 안 좋아. 어쩜 좋지?
B In that case, how about trying this shampoo?
그렇다면 이 샴푸를 써보는 게 어때?

❼ I have fine hair.
난 머리카락이 가늘어.

언제? 머리카락이 가늘어 힘이 없을 때
아하~ fine 가느다란

A Could you describe your hair for me?
자신의 머리카락이 어떤지 설명해 줄래요?
B **I have fine hair.** And it keeps falling out.
전 머리카락이 가늘어요. 그리고 자꾸 빠져요.

∗keep -ing 자꾸/계속 ~하다 | fall out 빠지다

❽ I'm going gray.
흰머리가 나고 있어.

언제? 흰머리가 발견됐을 때
아하~ go gray 흰머리가 나다
잠깐! '흰머리'는 gray hair라고 한다. white hair라고 하지 않는다는 점에 주의할 것

A Oh, look. **I'm going gray.**
어라, 이것 좀 봐. 나 흰머리가 나고 있어.
B You mean you didn't know?
그럼 그걸 몰랐단 말이야?

❾ I have crow's feet.
눈가에 잔주름이 생겼어.

언제? 눈 주위에 자잘한 주름이 생겼을 때
아하~ crow's feet 눈가의 주름
잠깐! 눈가의 잔주름이 마치 까마귀 발(crow's feet) 같다는 데서 유래

A I don't believe it. **I have crow's feet.**
이럴 수가. 눈가에 잔주름이 생겼어.
B So what? Actually, it suits you.
뭐 어때? 실은 너한테 어울려.

❿ I'm getting liver spots.
기미가 끼고 있어.

언제? 얼굴에 기미가 발견됐을 때
아하~ liver spot 기미, 검버섯 (cf. freckle 주근깨)

A **I'm getting liver spots** nowadays. How do I get rid of them?
요즘 기미가 끼고 있어. 어떻게 없애지?
B Oh, why don't you try these pills?
아, 이 알약 먹어볼래?

❶ I'm in my late twenties.
난 20대 후반이야.

언제? 나이를 대충 얼버무려서 말할 때
아하~ in one's late twenties 20대 후반인 (cf. early 초반 | mid 중반)
잠깐! He's in his early teens. 걔는 10대 초반이야.
She's in her mid-thirties. 그녀는 30대 중반이야.

A May I ask how old you are?
나이를 여쭤봐도 될까요?
B **I'm in my late twenties.**
20대 후반이에요.

❷ I'm pushing thirty.
낼 모레가 서른이야.

언제? 곧 다가올 나이를 말할 때
아하~ push (나이를) 향해 가까이 가다

A You look down. What's up?
울적해 보이네. 왜 그래?
B **I'm pushing thirty.** But I don't even have a boyfriend.
낼 모레가 서른이야. 근데 남자친구 하나 없잖아.

❸ I've turned thirty.
서른이 됐어.

언제? 해가 바뀌거나 생일이 되어 나이가 막 바뀌었을 때
아하~ turn (나이가) ~이 되다

A What are all these presents?
이 선물들은 다 뭐야?
B It's my birthday today. **I've turned thirty.**
오늘이 내 생일이잖아. 나 서른 됐어.

❹ You haven't aged a bit!
너 하나도 안 늙었다!

언제? 오랜만에 만난 친구가 나이 들어 보이지 않을 때
아하~ age 나이를 먹다, 늙다 | a bit 전혀
잠깐! You could pass for twenty. 너 스무 살이라 해도 믿겠다.
(pass for ~로 통하다)

A **You haven't aged a bit!** You could pass for twenty.
너 하나도 안 늙었다! 스무 살이라고 해도 믿겠어.
B Actually, I tell people I'm in high school.
실은 고등학생이라고 하고 다녀.

❺ You have a baby face.
너 동안이다.

언제? 나이에 비해 얼굴이 어려 보일 때
아하~ baby face 동안

A You're lucky. **You have a baby face.** Girls dig that nowadays.
넌 운이 좋아. 동안이잖아. 요즘 여자애들이 좋아하는 타입이야.
B Yeah, I know.
응, 알아.

*dig 아주 좋아하다

❻ You look young for your age.
넌 나이에 비해 젊어 보여.

언제? 나이에 비해 인상이 젊어 보일 때
아하~ for your age 네 나이에 비해, 네 나이 치고

A **You look young for your age.** What's your secret?
넌 나이에 비해 젊어 보여. 비결이 뭐야?
B I sleep ten hours and drink two liters of water a day.
하루에 열 시간씩 자고 물 2리터를 마시지.

❼ He's four years older than me.
그는 저보다 4살 많아요.

언제? 나보다 몇 살 많은지 말할 때
잠깐! 나보다 몇 살 적은지 말하려면 older 대신 younger를 쓴다.

A How old is your fiancé?
네 약혼자 나이가 어떻게 되니?
B **He's 34, four years older than me.**
34살, 나보다 4살 많아.

❽ We're the same age.
우리 동갑이네요.

언제? 나이가 나랑 같을 때
잠깐! He's about/around my age. 그는 내 나이쯤 돼. 내 또래야.

A My age? I'm 29 years old.
제 나이요? 스물아홉이에요.
B Oh! **We're the same age.**
아! 우리 동갑이네요.

❾ Age is just a number.
나이는 숫자에 불과해.

언제? 나이에 큰 의미를 두지 않을 때
아하~ age 나이
잠깐! just(단지)를 only로 대체 가능

A Huh? You're learning to skydive at your age?
뭐라고요? 그 나이에 스카이다이빙을 배우고 있다고요?
B **Age is just a number.**
나이는 숫자에 불과해.

❿ I'm feeling my age.
나이는 못 속여.

언제? 나이 든 것을 몸으로 체감할 때
직역 내 나이를 느끼고 있어.

A Oh, I'm aching all over. **I'm feeling my age.**
아이고, 온몸이 쑤시네. 나이는 못 속이겠다.
B Nonsense! You're still young, Aunt Sophie.
무슨 말씀이세요! 아직 한창이신데요, 소피 이모.

▶ 〈모의고사 32회〉 정답입니다.

Study065.mp3

❶ I have nothing to wear.
입을 옷이 하나도 없네.

언제? 마땅히 입을 만한 옷이 없을 때
야하~ I have nothing to do ~할 게 하나도 없다 | wear 입다

A Dear, **I have nothing to wear.**
자기야, 나 입을 옷이 하나도 없어.

B We went shopping last week!
우리 지난주에 쇼핑했잖아!

*go shopping 쇼핑하러 가다

❷ You're all dressed up!
멋지게 차려 입었네!

언제? 신경 써서 옷을 입은 사람에게
야하~ dressed up 차려 입은
잠깐! You're dressed to kill. 옷을 끝내주게 입었네.
(dressed to kill 옷차림이 끝내주는)

A **You're all dressed up!** What's the occasion?
멋지게 차려 입었네! 무슨 일 있어?

B I'm going to visit Diana's parents today.
오늘 다이애나 부모님을 뵙기로 했거든.

*occasion 특별한 일/경우

❸ Your tie is too loud.
너 넥타이가 너무 튄다.

언제? 넥타이가 옷과 안 어울려서 거슬릴 때
야하~ loud (색깔·무늬 등이) 튀는, 요란한

A **Your tie is too loud.**
너 넥타이가 너무 튄다.

B You're telling me this now? We've left home already!
지금 말해주면 어떡해? 벌써 집을 나왔잖아!

❹ I wear what's in fashion.
난 유행하는 옷을 입어.

언제? 유행을 민감하게 따르는 타입일 때
야하~ in fashion 유행을 타는
잠깐! I usually wear a suit. 난 주로 정장을 입어.
(I usually wear ~ 난 주로 ~을 입어)

A What kind of clothing do you prefer?
어떤 류의 옷을 선호해?

B **I wear what's in fashion.**
난 유행하는 옷을 입어.

❺ That dress looks good on you.
그 옷이 너한테 잘 어울린다.

언제? 특정 옷을 입으니 멋져 보일 때
야하~ look good on someone ~에게 잘 어울리다

A Yeah! **That dress looks good on you.**
그래! 그 옷이 너한테 잘 어울린다.

B You think so? Okay, I'll take this one.
그런 거 같아? 알았어, 이걸로 할게.

❻ You look good in pink.
너 분홍색이 잘 어울린다.

언제? 특정 색이 잘 받을 때
야하~ look good in + 색깔 ~ 색이 잘 어울리다

A **You look good in pink.**
너 분홍색이 잘 어울린다.

B Thanks. I get that a lot.
고마워. 그런 말 많이 들어.

❼ You have good taste in clothes.
옷에 대한 안목이 있구나.

언제? 패션 감각이 있어서 옷을 잘 고를 때
야하~ good taste 훌륭한 센스, 안목

A **You have good taste in clothes.**
옷에 대한 안목이 있군요.

B Does this mean you're hiring me?
그럼 절 채용하신단 말씀이세요?

❽ She's a sharp dresser.
쟤는 옷을 잘 입어.

언제? 항상 옷을 맵시 있게 입을 때
야하~ sharp dresser 옷을 세련되게 잘 입는 사람, 멋쟁이

A **She's a sharp dresser.** I envy her.
쟤는 옷을 잘 입어. 부럽다니까.

B I know. She looks like a celebrity.
그러게 말이야. 연예인 같아.

*celebrity 유명인

❾ You make the clothes look good.
옷 태가 산다.

언제? 체형이 좋아 옷이 멋져 보일 때
야하~ make A look + 형용사 A가 ~해 보이게 하다
직역 너는 그 옷이 좋아 보이게 만든다.

A **You make the clothes look good.** No wonder
you're a model.
옷 태가 산다. 역시 넌 모델이야.

B Thanks. I work really hard to stay in shape.
고마워. 몸매 유지하느라고 엄청 노력하고 있어.

*stay in shape 몸매를 유지하다

❿ Only you can pull that off.
너니까 소화한다.

언제? 독특한 옷인데도 잘 어울릴 때
야하~ pull ~ off ~을 해내다
잠깐! 이때 only는 you를 강조

A Oh my, what's that you're wearing? Man! **Only you
can pull that off.**
세상에, 뭘 입고 있는 거야? 이야! 너니까 소화한다.

B I know.
알아.

❶ I had my hair done.

나 머리 했어.

언제? 미용실에 다녀왔다고 할 때
야하~ have one's hair done (미용실에서) 머리를 하다
직역 난 내 머리를 하게 맡겼어.

A **I had my hair done.** Can't you tell the difference?
　나 머리 했어. 차이 모르겠니?
B Oh, of course. It suits you.
　아, 알고 말고. 잘 어울린다.

*tell the difference 차이를 알다/구분하다

❷ The bob cut suits you.

넌 단발머리가 어울려.

언제? 특정 머리 스타일이 어울릴 때
야하~ bob cut 단발머리 | suit ~에 어울리다
잠깐! 새로 한 머리스타일을 It으로 받아 It suits you.라고 해도 된다.

A How do you like my new hairstyle?
　내 새 머리스타일 어때?
B Wow! **the bob cut suits you.**
　이야! 단발머리 잘 어울린다.

❸ You have thick hair.

너 머리숱 진짜 많다.

언제? 머리숱이 많고 탄력 있을 때
야하~ thick hair 숱이 많은 머리 (cf. thin hair 숱이 적은 머리)
잠깐! I have thin hair. 난 머리숱이 별로 없어.

A Wow! **You have thick hair.**
　우와! 너 머리숱 진짜 많다.
B Actually, I'll let you in on a secret of mine.
　실은 말이야, 내 비밀 하나를 말해줄게.

*let someone in on a secret ~에게 비밀을 알려주다

❹ You dyed your hair red!

머리를 빨갛게 염색했네!

언제? 머리를 염색하고 나타났을 때
야하~ dye 염색하다 | dye one's hair + 색 머리를 ~색으로 염색하다

A What's this? **You dyed your hair red!**
　이게 뭐야! 머리를 빨갛게 염색했네!
B Yeah, my boyfriend dumped me.
　응. 내 남자친구가 날 찼거든.

❺ Just a haircut.

그냥 잘라만 주세요.

언제? 커트만 해달라고 할 때
야하~ haircut 머리 자르기, 커트
잠깐! 〈Just + 명사〉 패턴으로 요청사항을 간단히 표현할 수 있다.
　뒤에 please를 붙여 공손함을 덧입자.

A Do you want me to dye your hair?
　머리를 염색해 드릴까요?
B No. **Just a haircut,** please.
　아니오. 그냥 잘라만 주세요.

❻ Trim it all over.

전체적으로 다듬어 주세요.

언제? 머리를 전체적으로 살짝살짝 치면서 다듬어 달라고 할 때
야하~ trim 다듬다 | all over 전체적으로
잠깐! 명령문 문장 뒤에는 please 한 마디만 붙이면 어감이 부드러워지니 적극 활용하도록!

A Do you want it done like last time?
　지난번처럼 해드릴까요?
B Yes. **Trim it all over,** please.
　네. 전체적으로 다듬어 주세요.

❼ Leave my bangs.

앞머리는 자르지 마세요.

언제? 이마를 덮은 앞머리를 그대로 두고 싶을 때
야하~ bang 앞머리
잠깐! 앞머리(bang)를 자르지 말고 남겨두라는(leave) 의미

A **Leave my bangs,** please. I'm growing them.
　앞머리는 자르지 마세요. 기르고 있거든요.
B Of course. Don't worry.
　물론이죠. 걱정 붙들어 매세요.

❽ I'd like to get a perm.

파마를 하고 싶어서요.

언제? 파마를 해달라고 할 때
야하~ get a perm 파마하다
잠깐! 〈I'd like + 명사〉 또는 〈I'd like to do〉는 요청사항 전달 시 애용되는 대표적인 패턴이다.

A Excuse me. **I'd like to get a perm.**
　여기요. 파마를 하고 싶어서요.
B Oh, you have to wait an hour. Is that okay with you?
　아, 한 시간 기다려야 하는데. 괜찮으시겠어요?

❾ Thin out my hair.

숱을 쳐 주세요.

언제? 숱이 너무 많아서 솎아달라고 할 때
야하~ thin out 숱을 치다

A How would you like your hair done?
　머리를 어떻게 해 드릴까요?
B It's so hot. **Thin out my hair,** please.
　너무 덥네요. 숱을 쳐 주세요.

❿ I'd like a scalp massage.

두피 마사지 해주세요.

언제? 두피 케어까지 받고 싶을 때
야하~ scalp massage 두피 마사지

A There. All done! I hope you like it.
　자, 다 됐습니다! 마음에 드셨으면 좋겠네요.
B Oh, yeah. **I'd also like a scalp massage,** please.
　아, 참. 두피 마사지도 해주세요.

▶〈모의고사 33회〉 정답입니다.

❶ I've put on some makeup.
나 화장했어.

언제? 외출하기 위해 꾸몄을 때
아하~ put on makeup 화장을 하다
(*cf.* take off makeup 화장을 지우다)

A Who are you? Where's Alicia?
당신은 누구야? 알리시아는 어디 있어?

B It's me, you fool! **I've put on some makeup.**
나야, 이 바보야! 화장했잖아.

❷ You've put on too much makeup.
너 화장이 너무 진한데.

언제? 화장이 너무 과해서 보기 안 좋을 때
아하~ too strong 너무 진한

A What's this? **You've put on too much makeup.**
이게 뭐야? 너 화장이 너무 진하잖아.

B Just leave me alone. You sound like my dad.
그냥 나 좀 내버려둬. 우리 아빠 같잖아.

❸ I ran out of skin toner.
스킨이 다 떨어졌어.

언제? 매일 쓰던 화장품이 바닥났을 때
아하~ run out of 다 떨어지다 | skin toner 스킨
잠깐! skin은 '피부'이고, 우리가 말하는 화장품 '스킨'은 skin toner라고 한다.

A **I ran out of skin toner.** That's why I'm going out to buy some.
스킨이 다 떨어졌어. 그래서 지금 사러 가려고.

B Oh, wait! I'll get some for your birthday.
잠깐! 내가 너 생일 때 사줄게.

❹ Apply blush here.
여기에 볼터치를 칠해봐.

언제? 볼에 색조화장을 할 때
아하~ apply 바르다 | blush(er) 볼터치, 블러셔
잠깐! 스킨이나 로션 등의 화장품은 물론 연고 등을 '바른다'고 할 때 동사 apply를 쓴다.

A **Apply blush here,** on my cheek.
여기에 볼터치를 칠해봐, 내 볼에 말이야.

B Don't you think it'll be too bright?
너무 밝지 않을까?

❺ My makeup is not sticking.
화장이 뜨네.

언제? 화장이 잘 안 받았을 때
아하~ stick (달라)붙다
직역 내 화장이 착 달라붙지 않는다.

A Let's hurry. We're going to miss the movie.
빨리 가자. 영화 놓치겠어.

B Could you give me five more minutes? **My makeup is not sticking** today.
5분만 더 기다려줄래? 오늘따라 화장이 뜨네.

❻ You need a makeover.
너 변신 좀 해야겠다.

언제? 미용 기술로 외모를 가꾸라고 제안할 때
아하~ makeover (사람 외모를 개선하기 위한) 단장, 변신

A I have a blind date in a week.
나 일주일 후에 소개팅이 잡혀 있어.

B In that case, **you need a makeover.**
그렇다면 변신 좀 해야겠는데.

❼ I'm thinking of going to see an esthetician.
피부관리를 받아볼까 봐.

언제? 피부 상태가 안 좋을 때나 좋은 상태를 유지하고 싶을 때
아하~ go to see an esthetician 피부관리 샵에 가다, 피부관리 받으러 가다
잠깐! esthetician[èsθitíʃən]은 전신마사지를 비롯해 전반적인 피부관리를 해주는 사람을 말한다

A My skin feels so rough lately.
요새 피부가 너무 거칠어.

B Me too. **I'm thinking of going to see an esthetician.**
나도. 피부관리를 받아볼까 봐.

❽ I'm going to have my nose done.
나 코 (수술)할 거야.

언제? 코 성형을 계획하고 있을 때
아하~ have/get one's nose done (병원에서) 코 성형을 하다
직역 나는 내 코를 하게 맡길 거야.

A **I'm going to have my nose done** while I'm on vacation.
휴가 때 코를 할 거야.

B No, don't even think about it!
안 돼, 생각도 하지 마!

❾ She got double eyelid surgery.
쟤 쌍꺼풀 수술했어.

언제? 쌍꺼풀 수술을 했을 때
아하~ get double eyelid surgery 쌍꺼풀 수술을 하다

A **She got double eyelid surgery** last month.
지난달에 쟤 쌍꺼풀 수술했어.

B Wow, it looks so natural. Do you know where she got it?
와, 되게 자연스럽네. 어느 병원에서 했대?

❿ She's addicted to plastic surgery.
쟤는 성형중독이야.

언제? 성형에 중독된 것처럼 보이는 경우를 두고 말할 때
아하~ plastic surgery 성형수술
잠깐! 미용을 위한 성형은 cosmetic surgery가 엄밀히 말해 더 적절하지만, 실생활에서는 plastic surgery를 더 많이 쓴다.

A She keeps getting her face done.
걔는 자꾸 얼굴을 고쳐.

B Too bad. **She's addicted to plastic surgery.**
아이고, 성형중독이네.

❶ I work out every day.

나 매일 운동해.

언제?	매일 규칙적으로 근력운동 등을 할 때
잠깐!	work out(운동하다)은 건강이나 몸매 관리 등을 위해 헬스장에서 운동을 하거나 근력운동 등을 한다고 할 때 쓴다.

A Your biceps are awesome!
너 이두박근 끝내주는데!

B Thanks. **I work out every day.**
고마워. **나 매일 운동하거든.**

∗bicep 이두박근

❷ I've taken up yoga.

요가를 시작했어.

언제?	새로운 운동을 시작했을 때
아하~	take up (재미로) ~을 배우다, 시작하다

A What do you do for exercise?
어떤 운동을 하니?

B **I've taken up yoga** recently.
요즘 요가를 시작했어.

❸ I don't get enough exercise.

운동 부족이야.

언제?	운동을 안 해서 몸이 안 좋을 때
아하~	enough exercise 충분한 운동
잠깐!	exercise는 명사, 동사로 모두 쓴다.

A Look at that pot belly.
배 나온 것 좀 봐.

B I know. **I don't get enough exercise.**
알아. **운동 부족이야.**

❹ I go power walking every day.

빠르게 걷기를 매일 해.

언제?	매일 양팔을 휘저으며 큰 보폭으로 빨리 걷기를 할 때
아하~	power walk (운동 삼아) 빠르게 걷다
직역	나는 매일 (운동 삼아) 빠르게 걸어서 다닌다.

A What is your secret to staying in shape?
건강을 유지하는 네 비결이 뭐야?

B It's simple. **I go power walking every day.**
간단해. **빠르게 걷기를 매일 해.**

∗stay in shape 건강한 몸을/몸매를 유지하다

❺ I need to burn calories.

칼로리를 소모해야 해.

언제?	다이어트를 위해 칼로리 소모가 다급할 때
아하~	burn calories 칼로리를 소모하다/태우다

A The bikini season is coming. **I need to burn calories** quickly.
비키니 시즌이 다가오는구나. **빨리 칼로리를 소모해야 해.**

B How about running ten miles every day?
매일 10마일을 조깅하는 건 어때?

❻ I meditate a lot.

명상을 자주 해.

언제?	몸과 마음을 단련시켜주는 명상을 즐길 때
아하~	meditate 명상하다 | a lot 많이

A How come you're so calm all the time?
어쩜 너는 항상 그렇게 침착하니?

B **I meditate a lot.**
명상을 자주 하거든.

❼ I'm on a diet.

다이어트 중이야.

언제?	요즘 다이어트를 하고 있을 때
아하~	on a diet 다이어트 중인

A All right! Order anything you want.
자! 먹고 싶은 거 뭐든 시켜.

B No, thanks. **I'm on a diet.** I'll just have some water.
아니, 됐어. **다이어트 중이야.** 그냥 물 마실게.

❽ I've been skipping dinner.

저녁을 계속 굶고 있어.

언제?	다이어트를 위해서 저녁을 계속 안 먹는 중일 때
아하~	skip dinner 저녁을 굶다

A Wow! You've lost a lot of weight! What's your secret?
우와! 너 살 많이 빠졌네. 비결이 뭐야?

B Actually, **I've been skipping dinner.**
실은 **저녁을 계속 굶고 있어.**

∗lose weight 살이 빠지다

❾ I've lost 5 kilograms.

5킬로 뺐어.

언제?	노력해서 체중을 줄였을 때
아하~	lose + 체중 (체중을) ~킬로 줄이다

A Wow! What happened to you?
우와! 너 어떻게 된 거야?

B How do I look? **I've lost 5 kilograms.**
나 어때? **5킬로 뺐어.**

∗How do I look? 나 어때 보여? (외모에 대해 묻는 질문)

❿ It's the yo-yo effect.

요요현상이야.

언제?	급격히 뺐던 살이 금세 다시 쪘을 때
아하~	yo-yo effect 요요현상 (cf. side effect 부작용)
잠깐!	이 경우의 '현상'은 phenomenon이 아니라 effect로 표현한다는 점에 주의!

A I thought you lost weight? What happened?
너 살 뺀 줄 알았는데? 이게 뭐야?

B **It's the yo-yo effect.**
요요현상이야.

▶ 〈모의고사 34회〉 정답입니다.

❶ I have chapped lips.
입술이 텄어.

언제? 피곤하거나 건조해서 입술이 텄을 때
아하~ chapped (피부나 입술이) 튼, 갈라진

A **I have chapped lips.** It happens to me every winter.
입술이 텄어. 난 겨울마다 이래.

B I only have lip gloss. Do you want to use it?
립글로스밖에 없는데. 이거 쓸래?

❷ I've got a nosebleed.
코피가 나.

언제? 코에서 피가 흐를 때
아하~ nosebleed 코피
잠깐! I've got ~은 I have ~의 구어체 표현

A **I've got a nosebleed.** Do you have a tissue?
코피가 나네. 티슈 있니?

B Sure. Here you go.
있고 말고. 자, 여기.

❸ I keep sneezing.
자꾸 재채기가 나.

언제? 재채기가 많이 나올 때
아하~ keep -ing 계속/자꾸 ~하다 | sneeze 재채기를 하다

A **I keep sneezing.**
자꾸 재채기가 나.

B Are you allergic to cats? I have a cat.
고양이한테 알레르기 있니? 나 고양이 키워.

＊be allergic to ~에 알레르기가 있다

❹ I'm prone to allergies.
난 알레르기성 체질이야.

언제? 특정 물질·음식에 몸이 이상하게 반응할 때
아하~ be prone to ~의 경향이 있다

A You won't eat my peanut butter sandwich?
내가 만든 땅콩버터 샌드위치 안 먹겠다고?

B Sorry, I can't eat peanuts. **I'm prone to allergies.**
미안. 땅콩을 못 먹어. 난 알레르기성 체질이야.

❺ I feel tired all the time.
난 항상 피곤해.

언제? 아무리 쉬어도 피로가 가시지 않을 때
아하~ tired 지친, 피곤한 (*cf.* fatigue 피로) | all the time 항상

A What? You're drinking coffee again?
뭐야? 커피를 또 마셔?

B I can't help it. It's because **I feel tired all the time.**
어쩔 수 없어. 항상 피곤해서 그래.

❻ I'm in great shape.
난 컨디션이 아주 좋아.

언제? 꾸준한 관리로 몸 상태가 좋을 때
아하~ in great shape (몸의) 상태가/컨디션이 아주 좋은

A Are you confident about today's marathon?
오늘 마라톤 자신 있어?

B Of course. **I'm in great shape.**
물론이지. 컨디션이 아주 좋아.

❼ I'm in poor health.
난 건강이 안 좋아.

언제? 병원에 가봐야 할 정도로 몸이 안 좋을 때
아하~ in poor health 건강이 안 좋은

A Where are you headed?
어디 가는 길이야?

B To the hospital. **I'm in poor health.**
병원에. 건강이 안 좋아.

❽ I'm the health-conscious type.
난 건강을 챙기는 스타일이야.

언제? 운동과 식단을 통해 건강을 챙기는 사람일 때
아하~ health-conscious 건강을 챙기는
(conscious 특별한 관심이 있는)

A Do you exercise regularly?
규칙적으로 운동을 하시나요?

B Yes. **I'm the health-conscious type.**
네. 저는 건강을 챙기는 스타일이거든요.

❾ I feel melancholy nowadays.
요즘 울적해.

언제? 계속 마음이 무겁고 우울할 때
아하~ melancholy (장기적이고 흔히 이유를 알 수 없는) 우울함

A **I feel melancholy nowadays.**
요즘 울적해.

B How long have you been feeling this way?
이 상태가 얼마나 오랫동안 지속된 거야?

❿ My head feels fuzzy.
머리가 맑지 않아.

언제? 머리가 무거워 정신이 흐릴 때
아하~ fuzzy 흐릿한

A Let's take a break. **My head feels fuzzy.**
좀 쉬었다 하자. 머리가 맑지 않아.

B I see. How about getting some fresh air?
그렇구나. 바람 좀 쐬는 건 어때?

＊take a break 잠깐 쉬다 | get some fresh air 바람 좀 쐬다

Study070.mp3

❶ I have a bit of a cold.
감기 기운이 있어.

언제? 감기에 걸린 것 같을 때
아하~ have a cold 감기에 걸리다
잠깐! Maybe I'm coming down with a cold. 감기에 걸리려나 봐.
(come down with a cold 감기에 걸리다)

A **I have a bit of a cold.**
나 감기 기운이 있어.

B In that case, let me make you some chicken soup.
그렇다면 내가 닭고기 수프를 끓여주지.

❷ I have the flu.
독감에 걸렸어.

언제? 독감에 걸렸을 때
아하~ flu 독감

A Don't come near me. **I have the flu.**
가까이 오지 마. 나 독감 걸렸어.

B Okay!
알겠어!

❸ My nose is running.
콧물이 나와.

언제? 코에서 콧물이 흘러나올 때
아하~ run (액체가) 흐르다

A Oh dear! **My nose is running.**
이런! 콧물이 나오네.

B Here, use my handkerchief.
자, 내 손수건을 써.

❹ I have a stuffy nose.
코가 막혔어.

언제? 감기에 걸려 코가 답답하고 막힐 때
아하~ stuffy 꽉 막힌, 답답한
직역 꽉 막힌 코를 가지고 있다.

A **I have a stuffy nose.**
코가 막혔어.

B Then blow harder.
그럼 더 세게 풀어봐.

❺ I have a sore throat.
목이 아파.

언제? 감기에 걸려 목구멍이 아플 때
아하~ sore (목구멍이) 아픈, 욱신거리는 | throat 목구멍
직역 아픈/욱신거리는 목구멍을 가지고 있다.

A I can't talk much. **I have a sore throat.**
말을 많이 못하겠어. 목이 아파.

B I'll make you some hot lemon tea.
뜨거운 레몬차 끓여줄게.

❻ I can't stop coughing.
기침이 멈추질 않네.

언제? 기침이 그치지 않고 계속될 때
아하~ stop -ing ~하는 것을 멈추다, ~을 그만하다 | cough 기침하다
잠깐! 〈I can't stop -ing〉는 '~하는 것을 멈출 수가 없다, ~하는 게 멈추질 않는다'는 의미의 패턴

A **I can't stop coughing.**
기침이 멈추질 않네.

B Oops. The movie is about to start.
아이쿠. 영화가 곧 시작할 텐데.

＊be about to do ~하려는 참이다, 막 ~하려 하다

❼ I'm shivering like crazy.
몸이 마구 떨려.

언제? 오한이 나서 몸이 벌벌 떨릴 때
아하~ shiver 부르르 떨다 | like crazy (미친 듯이) 심하게

A **I'm shivering like crazy.** Maybe I'm coming down with a cold.
몸이 마구 떨려. 감기에 걸리려나 봐.

B Let's take you to a doctor right now.
당장 병원 가자.

❽ I have the chills.
몸이 으슬으슬 추워.

언제? 감기 기운이 있어서 으슬으슬 추울 때
아하~ chills 오한

A **I have the chills.** I have a bit of a cold, you see.
몸이 으슬으슬 추워. 감기 기운이 있거든.

B Really? Then, let's hurry and get inside.
그래? 그럼 빨리 안으로 들어가자.

❾ I'm aching all over.
온몸이 쑤셔.

언제? 감기몸살로 삭신이 쑤실 때
아하~ ache (계속) 쑤시다, 아프다 | all over 곳곳에

A Oh, man! **I'm aching all over.**
아이구! 온몸이 쑤셔.

B How about taking a long, hot bath?
뜨거운 물에 목욕을 오래 해 보는 건 어때?

❿ I'm laid up in bed.
몸져누웠어.

언제? 증세가 심해서 일어나지 못할 때
아하~ be laid up (병·부상 등으로) 드러눕다

A What! You can't come to band practice?
뭐! 밴드연습에 못 온단 말이야?

B No. **I'm laid up in bed.**
응. 몸져누웠어.

▶〈모의고사 35회〉 정답입니다.

❶ I feel dizzy.

어지러워.

언제? 머리가 빙빙 도는 것 같을 때
야하~ dizzy 어지러운, 현기증이 나는

A Hey! Why can't you concentrate?
아! 너 왜 집중 못하고 그래?
B **I feel dizzy.** What did you say just now?
어지러워서. 방금 뭐라고 했어?

❷ I'm running a fever.

열이 나.

언제? 이마가 뜨겁고 열이 날 때
야하~ fever (의학적 이상 징후로서의) 열

A **I'm running a fever.**
열이 나.
B I told you not to walk in the rain without an umbrella!
우산도 없이 빗속을 걷지 말라고 했잖아!

❸ I have a migraine.

편두통이 있어.

언제? 머리의 한쪽에만 통증이 있을 때
야하~ migraine [máigrein] 편두통

A **I have a migraine.** I'm going to lie down for a bit.
편두통이 있어. 나 좀 누울게.
B Sure. I'll get you some medicine.
물론이지. 내가 약 갖다 줄게.

❹ I have a dull headache.

머리가 띵해.

언제? 머릿속이 묵직해서 정신을 차리기 힘들 때
야하~ dull 둔한, 무딘 | headache 두통
잠깐! I have a headache. 두통이 있어, 머리가 아파.

A **I have a dull headache.** What should I do?
머리가 띵해. 어쩌지?
B Let's take five. You're not getting a cold, are you?
5분 쉬었다 하자. 감기 걸리는 거 아니겠지?

❺ I have a splitting headache.

머리가 깨질 듯이 아파.

언제? 두통이 심해서 머리가 쪼개질 것 같을 때
야하~ splitting 머리가 깨지는 듯한
잠깐! I have a throbbing headache. 머리가 욱신거리게 아파.
(throbbing 욱신거리는, 지끈거리는)

A **I have a splitting headache.**
머리가 깨질 듯이 아파.
B It's all part of a hangover.
이게 다 숙취의 일부지.

＊hangover 숙취

❻ My stomach hurts.

배가 아파.

언제? 일반적으로 배가 아프다고 할 때
야하~ hurt 아프다
잠깐! I have a stomachache. 복통이 있어, 배가 아파.
(stomachache 복통)

A Mommy! **My stomach hurts.**
엄마! 배가 아파요.
B Where exactly? Point to it with your finger for Mommy.
정확히 어디? 엄마를 위해 손가락으로 가리켜봐.

❼ I feel bloated.

속이 더부룩해.

언제? 소화가 안 되고 배에 가스가 찼을 때
야하~ bloated 속이 더부룩한

A **I feel bloated.** Maybe I ate too much.
속이 더부룩해. 너무 많이 먹었나 봐.
B Here. Drink some of this tea.
여기. 이 차 좀 마셔봐.

❽ I feel like throwing up.

토할 것 같아.

언제? 속이 안 좋아 구역질이 날 때
야하~ feel like -ing ~할 것 같은 기분이다 | throw up 토하다
잠깐! I feel nauseated. 속이 메스꺼워.
(feel nauseated 메스껍다, 구역질이 나다)

A Why do you keep going to the bathroom?
왜 자꾸 화장실을 들락거리는 거니?
B Sorry. It's because **I feel like throwing up.**
미안해. 토할 것 같아서 그래.

❾ I had diarrhea all night.

나 밤새 설사했어.

언제? 배탈이 나서 설사가 계속될 때
야하~ diarrhea 설사 | all night 밤새도록

A Darling, **I had diarrhea all night.**
자기야. 나 밤새 설사했어.
B I know. I heard you.
알아. 다 들었어.

❿ I am constipated.

난 변비가 있어.

언제? 변비가 있다고 할 때
야하~ constipated 변비에 걸린

A **I am constipated.** What should I do?
난 변비가 있어. 어쩌면 좋지?
B You should try eating lots of prunes.
말린 자두를 많이 먹어봐.

＊prune 말린 자두

❶ My ears are muffled.
귀가 멍멍해.

언제? 높은 곳에 올랐을 때 귀가 멍멍해지면
아하~ muffle (소리를) 죽이다 | be muffled (소리가) 죽다 (여기서는 뭔가가 귀를 감싸 막아서 소리가 멍멍하게 들리는 상황을 가리킴)

A **My ears are muffled.** I feel dizzy, too.
귀가 멍멍해. 머리도 어지럽고.

B It's because of the elevator. It won't take long.
엘리베이터 때문이야. 이제 금방이야.

❷ My ears are ringing.
귀가 울려.

언제? 외부 충격이나 신체 이상으로 귀가 울릴 때
아하~ ring 울리다

A **My ears are ringing** all the time. It's annoying!
계속 귀가 울려. 짜증나네!

B What did the doctor say?
의사 선생님이 뭐래?

❸ I have an earache.
귀가 아파.

언제? 귀에 통증이 있을 때
아하~ earache 귀앓이

A **I have an earache.** What's wrong with me, doctor?
귀가 아파요. 뭐가 잘못된 거죠, 선생님?

B Let's have a look. Oh, dear!
어디 한번 봅시다. 엇, 이런!

❹ My arm fell asleep.
팔이 저려.

언제? 다리나 팔에 피가 안 통해서 저릴 때
아하~ fall asleep 잠이 들다
잠깐! 팔이 잠이 든 것처럼 감각이 없다는 뉘앙스

A Jane, wake up. **My arm fell asleep.**
제인, 일어나봐. 팔이 저려.

B Mmm... I love having your arm as my pillow.
음… 네 팔을 베고 자니 너무 좋다.

*pillow 베개

❺ My back is sore.
등이 아파.

언제? 등 근육이 아프거나 걸릴 때
아하~ sore (염증이 생기거나 근육을 많이 써서) 아픈

A Ouch! **My back is sore** after our camping trip.
아야! 캠핑 다녀온 후로 등이 아파.

B No wonder. We slept on the ground yesterday.
당연하지. 우리 어제 땅바닥에서 잤잖아.

❻ I have a crick in my neck.
목이 결려.

언제? 잠을 잘못 자서 목이 뻐근할 때
아하~ crick (목이나 허리의) 근육 경련, 결림

A **I have a crick in my neck.**
목이 결려.

B Don't move. I'll bring my acupuncture kit.
움직이지 마. 내가 침구 가져올게.

*acupuncture 침술

❼ I have a cramp in my leg.
다리에 쥐가 났어.

언제? 다리 근육에 갑자기 경련이 일어날 때
아하~ cramp (근육) 쥐 (cf. muscle spasm 근육 경련)

A Wait! **I have a cramp in my leg.**
잠깐! 다리에 쥐가 났어.

B Okay. Let's rest a bit.
알았어. 좀 쉬자.

❽ I have a bruise on my face.
얼굴에 멍이 들었어.

언제? 부딪친 충격으로 피멍이 들었을 때
아하~ bruise 멍, 타박상

A **I have a bruise on my face.** You got an egg?
얼굴에 멍이 들었어. 달걀 있어?

B Oops. I boiled them all.
이런. 전부 삶아버렸는데.

❾ I've put a pain relief patch on my back.
허리에 파스 붙였어.

언제? 허리를 삐끗했을 때
아하~ pain relief patch 파스 ('통증 완화 패치'라는 의미)
잠깐! back은 허리를 포함한 등짝을 뭉뚱그려 의미하기 때문에 이런 경우 그냥 back을 쓰면 된다.

A What's that smell?
이게 웬 냄새야?

B **I've put a pain relief patch on my back.** I had rugby practice.
허리에 파스 붙였어. 럭비 연습을 했거든.

❿ I'm out of breath.
나 숨차.

언제? 심장에 무리가 가서 숨이 찰 때
아하~ out of breath 숨이 찬 (cf. pant (숨을) 헐떡이다)

A Let's stop running. **I'm out of breath.**
그만 뛰자. 숨차다.

B You really need to lose some weight.
너 정말 살 좀 빼야겠다.

▶〈모의고사 36회〉 정답입니다.

❶ I got a paper cut.
종이에 베였어.

언제? 빳빳한 종이에 손가락이 베였을 때
아하~ paper cut 종이에 베인 상처

A Ouch! **I got a paper cut.**
아얏! 종이에 베였어.
B Oh, dear! That looks nasty!
저런! 많이 다쳤는데!

*nasty 심각한, 위험한

❷ I've got a splinter in my finger.
손가락에 가시가 박혔어.

언제? 손가락에 가시가 박혔을 때
아하~ splinter (나무, 금속, 유리 등의) 조각
잠깐! 가시뿐 아니라 깨진 유리 조각 등의 파편이 박힌 경우 등에 모두 쓴다.

A Ouch! **I've got a splinter in my finger.**
아얏! 손가락에 가시가 박혔어.
B Don't worry. I happen to have a pair of tweezers.
걱정 마. 마침 내게 핀셋이 있어.

*happen to do 공교롭게도/때마침 ~하다 | tweezers 핀셋

❸ I got scalded.
데었어.

언제? 뜨거운 액체에 데어 화상을 입었을 때
아하~ get scalded (액체에) 화상을 입다, 데이다

A I need ice! Quickly! **I got scalded.**
얼음이 필요해! 빨리! 데었어.
B Here, use this ice from my cup!
자, 내 컵에 있는 얼음을 사용해!

❹ I sprained my ankle.
발목을 삐었어.

언제? 잘못해서 발목을 접질렀을 때
아하~ sprain 접질리다, 삐다

A Why are you limping all of a sudden?
왜 갑자기 절뚝거려?
B **I sprained my ankle.** Let's walk slowly.
발목을 삐었어. 천천히 좀 걷자.

*limp 절뚝거리다 | all of a sudden 갑자기

❺ I pulled a ligament.
인대가 늘어났어.

언제? 뼈를 감싸는 인대가 늘어났을 때
아하~ pull a ligament 인대가 늘어나다

A **I pulled a ligament.** It will take two weeks to heal.
인대가 늘어났어. 완치하는 데 2주 걸린대.
B Oh, I see. I'll postpone our ski trip.
아, 그렇구나. 우리 스키여행을 연기할 둘게.

*heal 치유되다 | postpone 연기하다

❻ I fractured my leg.
다리가 골절 됐어.

언제? 뼈가 부러지거나 금이 갔을 때
아하~ fracture 골절시키다

A Why weren't you at school today?
오늘 왜 학교에 안 왔어?
B **I fractured my leg.** Oh, yeah! What's our homework?
다리가 골절 됐어. 참! 숙제는 뭐야?

❼ I got a cast on my arm.
팔에 깁스를 했어.

언제? 부러진 뼈를 붙이기 위해 깁스를 했을 때
아하~ get a cast on one's arm/leg 팔/다리에 깁스하다 (cast 깁스)
잠깐! '깁스'는 cast 또는 plaster cast 둘 다 쓴다.

A **I got a cast on my arm.** Do you like the color?
팔에 깁스 했어. 색상 마음에 드니?
B What? You colored it pink!
엥? 핑크색으로 칠했구나!

❽ What's with the plaster cast?
웬 깁스야?

언제? 깁스를 하고 나타난 친구에게
아하~ plaster cast 깁스

A **What's with the plaster cast?**
웬 깁스야?
B I slipped on some ice yesterday.
어제 얼음에 미끄러졌어.

*slip on some ice 얼음에 미끄러지다 (slip 미끄러지다)

❾ I have a hairline fracture on my tailbone. 꼬리뼈에 실금이 갔어.

언제? 엉덩방아를 찧어서 꼬리뼈에 금이 갔을 때
아하~ hairline fracture 실금 골절 | tailbone 꼬리뼈
잠깐! fracture은 명사로 동사로 모두 쓰인다.

A Don't be shy and sit down.
부끄러워하지 말고 앉아.
B I can't. **I have a hairline fracture on my tailbone.**
못 앉아. 꼬리뼈에 실금이 갔어.

❿ I hope it doesn't leave a scar.
흉터가 안 남아야 할 텐데.

언제? 상처의 흉터가 남을까 봐 걱정될 때
아하~ leave a scar 흉터를 남기다

A Look at my chin. I got ten stitches.
내 턱 좀 봐. 열 바늘 꿰맸어.
B **I hope it doesn't leave a scar.**
흉터가 안 남아야 할 텐데.

*chin 턱 | stitch 바느질

❶ I think it's a cavity.
충치인 것 같아.

언제? 치통이 있을 때
아하~ cavity 충치

A It aches so much. **I think it's a cavity.**
엄청 욱신거리네. **충치인 것 같아.**

B Let me take a look. Open wide.
내가 한번 볼게. 크게 벌려봐.

❷ My teeth need scaling.
스케일링 받아야겠어.

언제? 건강한 치아를 위해 스케일링을 받을 때가 됐다 싶을 때
아하~ scaling 스케일링 (cf. remove tartar 치석을 제거하다)

A Oh, your teeth are brownish.
음, 네 이가 좀 누렇네.

B They are, aren't they? I think **my teeth need scaling.**
그치? 아무래도 스케일링 받아야겠어.

❸ My gums hurt.
잇몸이 아파.

언제? 이가 아니라 잇몸이 아플 때
아하~ gum 잇몸 (cf. gum disease 잇몸병)

A **My gums hurt.** What should I do?
잇몸이 아파. 어쩌지?

B I recommend this toothpaste. Try it.
이 치약을 추천할게. 한번 써봐.

❹ I had my tooth taken out.
이를 뽑았어.

언제? 치과에서 발치를 했을 때
아하~ take out 뽑다
직역 나는 (치과의사에게) 내 이를 뽑게 맡겼다.

A **I had my tooth taken out** finally.
드디어 이를 뽑았어.

B But I loved your snaggletooth!
하지만 난 네 덧니가 좋았는데!

*snaggletooth 덧니

❺ I got a root canal.
신경 치료를 받았어.

언제? 치과에서 신경 치료를 받았을 때
아하~ root canal 신경 치료

A Why do you keep wincing? Are you in pain?
왜 자꾸 찡그리니? 어디 아파?

B Yeah. It's just that **I got a root canal.**
응. 실은 신경 치료를 받았어.

*wince (얼굴 표정이) 움찔하다

❻ My wisdom tooth is coming in.
사랑니가 나고 있어.

언제? 잇몸을 뚫고 나오는 사랑니를 발견했을 때
아하~ wisdom tooth 사랑니

A **My wisdom tooth is coming in.**
사랑니가 나고 있어.

B Oh, man! That must hurt a lot.
이야! 굉장히 아플 텐데.

❼ My eyesight is getting worse.
눈이 나빠지고 있어.

언제? 시력이 점점 떨어지고 있을 때
아하~ eyesight 시력 | get worse 나빠지다
잠깐! My vision isn't very good. 시력이 별로 안 좋아.
I have twenty-twenty vision. 시력이 양쪽 다 1.0이야.

A **My eyesight is getting worse.**
눈이 나빠지고 있어.

B Do both of your parents wear glasses?
너희 부모님 모두 안경을 끼시니?

❽ Your eyes are bloodshot.
네 눈이 충혈됐어.

언제? 눈이 벌겋게 충혈된 사람에게
아하~ bloodshot 충혈된

A What's wrong? **Your eyes are bloodshot.**
너 왜 그래? 네 눈이 충혈됐어.

B Really? Oh, it must be my new contact lenses.
그래? 아, 새 콘택트렌즈 때문인가 봐.

❾ Your eyes are puffy.
네 눈이 부었어.

언제? 눈이 퉁퉁 부은 사람에게
아하~ puffy (눈·얼굴 등이) 부어 있는

A **Your eyes are puffy.** Did he...?
너 눈이 부었네. 혹시 그가…?

B Yeah, he dumped me.
맞아, 날 찼어.

❿ I have a sty in my right eye.
오른쪽 눈에 다래끼가 났어.

언제? 눈 다래끼가 난 것을 알릴 때
아하~ sty 다래끼

A **I have a sty in my right eye.**
나 오른쪽 눈에 다래끼가 났어.

B You're telling me this now? After we had lunch?
그걸 지금 밀해주는 거야? 같이 점심 먹은 후에?

Study075.mp3

❶ I took some indigestion medicine. 소화제를 먹었어.

언제? 배가 더부룩하고 소화가 안 돼서 소화제를 복용했을 때
아하~ indigestion medicine 소화제 (indigestion 소화불량)
잠깐! I'm taking sleeping pills. 난 수면제를 복용해.

A How's your stomach?
　배는 좀 어때?
B It's okay now. **I took some indigestion medicine.**
　이제 괜찮아. **소화제를 먹었거든.**

❷ I need some painkillers.
진통제가 필요해.

언제? 아픔을 참기 힘들 때
아하~ painkiller 진통제

A **I need some painkillers.** It hurts so much.
　진통제가 필요해요. 너무 아파요.
B But you had one just an hour ago.
　하지만 불과 한 시간 전에 드셨잖아요.

❸ I got a flu shot.
독감주사 맞았어.

언제? 독감 예방을 위해 주사를 맞았을 때
아하~ flu shot 독감 예방 주사

A **I got a flu shot.** Wow, it hurt.
　나 **독감주사 맞았어.** 우와, 아프던데.
B How much did it cost you?
　가격은 얼마나 하든?

❹ Could you fill this prescription?
이 약 좀 지어 주실래요?

언제? 약국에 처방전을 가지고 가서 약을 지을 때
아하~ fill a prescription (처방전 대로) 약을 조제하다

A **Could you fill this prescription?**
　이 약 좀 지어 주실래요?
B Let's see. Oh, we are out of this drug at the moment.
　어디 보자. 어, 이 약은 현재 재고가 없네요.

❺ I'm worried about the side effects. 부작용이 걱정돼.

언제? 약을 먹긴 먹었는데 부작용이 염려될 때
아하~ side effect 부작용

A Honestly, **I'm worried about the side effects.**
　솔직히 **부작용이 걱정돼.**
B Don't worry. Look at me. I'm just fine!
　걱정 마. 날 봐. 멀쩡하잖아!

❻ I need to fast for a day.
하루 동안 금식해야 돼.

언제? 내시경 등을 받기 위해 금식을 해야 할 때
아하~ fast 단식하다, 금식하다
잠깐! fast가 명사로 '단식, 절식', 동사로 '단식/금식하다'란 사실을 알아둘 것

A The doctor told me **I need to fast for a day.**
　의사선생님이 나보고 **하루 동안 금식하래.**
B Do you think you can do that? Oh, let's make a bet.
　네가 그럴 수 있을까? 아하, 우리 내기하자!

❼ I had a medical checkup.
건강검진을 받았어.

언제? 병원에 가서 건강검진을 받았을 때
아하~ medical checkup 건강검진

A **I had a medical checkup** today.
　오늘 **건강검진을 받았어.**
B When do you get your results? I'm worried about your liver.
　결과는 언제 나온대? 자기 간이 걱정 돼.

＊liver 간

❽ I had an x-ray done.
엑스레이 촬영을 했어.

언제? 엑스레이 검사를 받았을 때
아하~ x-ray 엑스레이
직역 나는 (병원에) 엑스레이를 하게 맡겼어.

A **I had an x-ray done** finally. It didn't hurt a bit.
　드디어 **엑스레이 촬영을 했어.** 하나도 안 아프더라.
B That's what I've been telling you all along!
　내가 계속 그랬잖아.

❾ There's nothing particularly wrong. 특별히 이상한 건 없대.

언제? 건강검진 결과가 양호할 때
아하~ particularly 특별히

A I got the results back just now. **There's nothing particularly wrong.**
　방금 결과 나왔어. **특별히 이상한 건 없대.**
B Is that so? Then how about your heart?
　그래? 그럼 자기 심장은?

❿ My blood pressure is a bit high.
혈압이 좀 높아.

언제? 진단 결과 혈압을 조심해야 하는 상황일 때
아하~ blood pressure 혈압 (cf. blood vessel 혈관)

A Why are you taking that pill?
　그 알약을 왜 먹어?
B **My blood pressure is a bit high.** Don't tell my wife.
　내가 혈압이 좀 높아. 우리 집사람한테는 말하지 마.

❶ I'm just browsing.

그냥 둘러보는 거예요.

언제? 점원에게 아이쇼핑 중임을 밝힐 때
아하~ browse (가게 안의) 물건들을 둘러보다
잠깐! 이 경우 I'm just looking around.라고 해도 된다.

A Are you looking for anything in particular?
특별히 찾으시는 게 있나요?

B No, **I'm just browsing.**
아니요. 그냥 둘러보는 거예요.

❷ I think I'll look around a bit more.

조금 더 둘러보고 올게요.

언제? 구경하던 매장을 나갈 때
아하~ look around (비교해 보기 위해) 여러 가게를 돌아다니다

A So, have you made up your mind?
이제 결정하셨습니까?

B No, not yet. **I think I'll look around a bit more.**
아니요, 아직. 조금 더 보고 올게요.

*make up one's mind 결정하다

❸ Is this the top of the line?

이게 최고급품인가요?

언제? 가장 고급스러운 상품을 찾을 때
아하~ top of the line 제품라인 중에서 최고

A I like the design! Excuse me, **is this the top of the line?**
디자인이 마음에 드네! 저기요, 이게 최고급품인가요?

B Oh, we also have one that's more high-end.
아, 더 고급인 제품도 하나 있습니다.

*high-end 고급의

❹ Do you carry toys?

장난감도 취급하나요?

언제? 내가 찾는 물건을 파는지 물을 때
아하~ carry (가게에서 품목을) 취급하다

A Umm, **do you carry toys?**
저기요, 장난감도 취급하나요?

B No, we don't any more. We only have books now.
아니요, 이젠 안 해요. 지금은 책밖에 없습니다.

❺ Do you have this in white as well?

이거 흰색으로도 있나요?

언제? 물건을 고르면서 다른 색이 있는지 물을 때
아하~ in white 흰색으로 / as well ~도, 또한

A This is what I wanted. Hmm. **Do you have this in white as well?**
이게 바로 내가 원했던 거야. 음. 이거 흰색으로도 있나요?

B Of course. Just a moment, please.
물론이죠. 잠시만 기다려 주세요.

❻ Can you show me how it works?

어떻게 작동하는 거예요?

언제? 제품의 작동법이 궁금할 때
아하~ work (기계 등이) 작동하다

A Wow, I like it. **Can you show me how it works?**
오, 마음에 드네요. 어떻게 작동하는 거죠?

B Just press this red button on the side.
옆에 있는 이 빨간 버튼만 누르시면 됩니다.

❼ I'll take it.

이걸로 할게요.

언제? 살 물건을 골랐을 때
아하~ take (물건을) 취하다 → 사다
잠깐! take 대신 have를 써도 같은 말이다.

A We have another line of necklaces, sir.
다른 종류의 목걸이도 있답니다, 손님.

B No, no. I like this one. **I'll take it.**
아, 아니에요. 이게 마음에 드네요. 이걸로 할게요.

❽ I would like it gift-wrapped.

선물포장 좀 해주세요.

언제? 선물용으로 포장을 요청할 때
아하~ gift-wrap 선물용으로 포장하다

A **I would like it gift-wrapped.**
선물 포장 좀 해주세요.

B That will cost you 3 dollars more. Is that okay?
3달러 더 내셔야 합니다. 괜찮으시겠어요?

❾ I got it for a bargain.

할인된 가격으로 샀어.

언제? 정가보다 싸게 구매했을 때
아하~ for a bargain 할인가로

A Oh, I love your bag! Look at the design.
어머, 너 가방 너무 마음에 든다! 디자인 좀 봐.

B Guess what? **I got it for a bargain.**
그거 알아? 할인된 가격으로 샀어.

❿ I bought it on impulse.

충동구매 했어.

언제? 물건을 충동적으로 샀을 때
아하~ on impulse 충동적으로

A What! This handbag costs $2,000?
뭐라고! 이 핸드백 가격이 2000달러야?

B I'm sorry, darling. **I bought it on impulse.** I couldn't help it.
자기야, 미안해. 충동구매 했어. 어쩔 수가 없었어.

▶ 〈모의고사 38회〉 정답입니다.

❶ Can I try it on?

입어 봐도 될까요?

언제? 옷을 입어 보고 싶을 때
아하~ try ~ on ~을 입어 보다

A **Can I try it on?**
입어 봐도 될까요?

B Sure. What size are you?
물론이죠. 사이즈가 어떻게 되세요?

❷ Where's the fitting room?

탈의실이 어디예요?

언제? 매장 내에서 옷을 갈아입을 때
아하~ fitting room 탈의실

A Excuse me. **Where's the fitting room?**
저기요. 탈의실이 어디예요?

B It's just behind that mirror.
저 거울 바로 뒤에 있어요.

❸ I'd like this in a size 66.

이걸로 66 사이즈를 주세요.

언제? 원하는 사이즈를 요청할 때
아하~ size 사이즈, 치수
잠깐! 원하는 색을 요청할 때는 I'd like this in ~ 뒤에 색깔을 말하면 된다.

A I've finally made up my mind. **I'd like this in a size 66**, please.
드디어 마음을 정했어요. **이걸로 66 사이즈를 주세요.**

B I'm sorry. We are all out of that size.
죄송합니다. 그 사이즈는 다 나갔어요.

❹ It doesn't fit.

안 맞아요.

언제? 옷이 크거나 작을 때
아하~ fit (모양·크기가 어떤 사람·사물에) 맞다

A Oh, no. **It doesn't fit.** I can't breathe.
저런. 안 맞아요. 숨을 못 쉬겠어요.

B In that case, let's try a bigger size.
그렇다면 더 큰 사이즈로 입어 보세요.

❺ It's too tight in the thighs.

허벅지 쪽이 너무 끼네요.

언제? 옷의 특정 부위가 작아서 낄 때
아하~ thigh 허벅지

A Where is it particularly uncomfortable?
특별히 불편한 데가 어디예요?

B Right here. **It's too tight in the thighs.**
바로 여기요. 허벅지 쪽이 너무 끼네요.

❻ Show me this in the next size up.

한 치수 큰 걸로 보여주세요.

언제? 옷이 작아서 더 큰 사이즈를 요청할 때
아하~ in the next size up 한 치수 큰 걸로
잠깐! '한 치수 작은 걸로'는 in the next size down

A Oh, no. I've gained weight. **Show me this in the next size up.**
이런. 살이 쪘네요. 한 치수 큰 걸로 보여주세요.

B Oh, it's not in stock at the moment.
아. 지금 재고가 없네요.

＊not in stock 재고가 없는

❼ Does it suit me?

나한테 어울려?

언제? 옷을 입어 보고 어울리는지 물을 때
아하~ suit me 나한테 어울리다

A How's this? **Does it suit me?**
어때요. 저한테 어울려요?

B Oh, you look fabulous! So, are you going with this one?
아, 멋져 보이시네요! 그럼 이걸로 하실 건가요?

＊fabulous 기막히게 멋진

❽ How do I look?

나 어때?

언제? 옷을 입고 어때 보이는지 물을 때
아하~ look ~해 보이다
직역 나 어때 보여?

A **How do I look?** The sleeves look a bit long.
저 어때요? 소매가 좀 긴 것 같기도 하네요.

B Oh, we can shorten the sleeves. Don't worry.
아, 소매야 줄일 수 있으니 걱정 마세요.

＊shorten ~을 줄이다

❾ Is it machine washable?

이거 세탁기에 돌려도 되나요?

언제? 세탁기에 빨아도 되는지 확인할 때
아하~ machine washable 세탁기로 세탁 가능한
잠깐! Is it waterproof? 방수 되나요? (waterproof 방수의)

A Oh, one more thing. **Is it machine washable?**
아, 하나만 더. 이거 세탁기에 돌려도 되나요?

B No, absolutely not. It must be dry-cleaned.
절대 안 돼요. 드라이클리닝하셔야 해요.

❿ The colors don't go together.

색이 안 어울려.

언제? 입은 옷들의 색깔이 서로 안 어울릴 때
아하~ go together 서로 잘 어울리다

A I picked out this outfit for the party. What do you think?
파티에 입을 옷을 골랐어. 어때?

B Hmm. **The colors don't go together.**
음. 색이 안 어울려.

＊outfit 옷

❶ I'm going to the grocery store.

나 장 보러 간다.

언제? 식료품을 사러 갈 때
아하~ go to the grocery store 장 보러 가다
(grocery store 식품점, 슈퍼마켓)

A **I'm going to the grocery store.** Where are the car keys?
나 장 보러 간다. 자동차 열쇠는 어디 있어?
B I have them. Wait, let me go with you.
나한테 있어. 잠깐, 나도 같이 가자.

❷ We're out of toothpaste.

우리 치약이 떨어졌어.

언제? 바닥난 생필품을 확인하고서
아하~ out of ~가 다 떨어진

A Why did you call? Mommy is driving right now.
전화 왜 했어? 엄마 지금 운전 중이야.
B Mom! **We're out of toothpaste.**
엄마! 우리 치약이 떨어졌어요.

❸ Do you need anything?

뭐 필요한 거 있어?

언제? 장보러 온 김에 동거인에게 필요한 거 없는지 추가로 확인할 때나 쇼핑목록을 작성할 때
아하~ anything 뭐든, 아무거나

A It's me, dear. I'm at the supermarket. **Do you need anything?**
나야, 여보. 나 슈퍼에 왔어. 뭐 필요한 거 있어?
B What? I'm at the supermarket, too. Oh, I see you!
뭐라고? 나도 슈퍼에 왔는데. 아, 자기 보인다!

❹ I was just on my way to the store. 마침 마트 가는 길이었어.

언제? 마트에 가는데 관련 얘기가 나왔을 때
아하~ on one's way to + 장소 ~로 가는 길인

A I'm peckish. Do we have anything to eat?
출출해. 뭐 먹을 것 좀 없어?
B **I was just on my way to the store.** You can taste test things over there.
마침 마트 가는 길이었어. 거기 가면 무료시식 할 수 있잖아.

＊peckish 약간 배가 고픈, 출출한 | taste test 무료 시식하다

❺ I'll try some.

시식해 볼게요.

언제? 음식을 사기 전에 시식코너에서 맛을 확인해보고 싶을 때
아하~ try 시식해 보다

A Oh, dumplings! **I'll try some.**
오, 만두다! 시식해 볼게요.
B Just a moment. Here are some that are hot.
잠시만요. 여기 따끈한 게 있어요.

❻ Check the best-before date.

유통기한 확인해.

언제? 음식을 사기 전에 유통기한을 체크하라고 할 때
아하~ best-before date 유통기한

A Which brand of milk should we buy?
어느 회사 우유를 살까?
B They're all the same. Oh, yeah! **Check the best-before date.**
그게 그거지 뭐. 참! 유통기한 확인해.

❼ Let's buy a bundle.

묶음으로 사자.

언제? 묶음으로 사는 게 더 쌀 때
아하~ bundle 묶음

A **Let's buy a bundle** like last time.
저번처럼 묶음으로 사자.
B No, they'll go bad before we can eat them all.
싫어. 다 먹기 전에 상해버릴 거야.

＊go bad (음식이) 상하다

❽ Get me a 6-pack of beer.

맥주 6개들이 좀 가져와.

언제? 6개 묶음으로 파는 것을 살 때
아하~ a 6-pack of beer 맥주 6개들이

A Oh, I almost forgot. **Get me a 6-pack of beer.**
이런, 깜빡할 뻔했네. 맥주 6개들이 좀 가져와.
B But Dad! You promised to work on your pot belly.
하지만 아빠! 뱃살 빼는 데 집중하기로 약속했잖아요.

＊work on ~에 매진하다 | pot belly (볼록하게 튀어나온) 뱃살

❾ Is this organic?

이거 유기농이에요?

언제? 유기농인지 물어볼 때
아하~ organic 유기농의

A **Is this organic?**
이거 유기농이에요?
B No. If it was, it would be a lot more expensive.
아닙니다. 그랬다면 훨씬 비쌌겠죠.

❿ The meat is in aisle six.

고기는 6번 통로에 있어요.

언제? 마트에서 물건의 위치를 설명할 때
아하~ aisle 통로 (cf. shelf 선반)
잠깐! aisle 뒤에는 정해진 통로번호나 명칭(알파벳 등)을 말한다.

A Excuse me, where's the turkey?
저기요, 칠면조는 어디 있나요?
B **The meat is in aisle six.**
고기는 6번 통로에 있어요.

▶〈모의고사 39회〉 정답입니다.

❶ Meat is on sale today.

오늘 고기가 할인이야.

언제? 할인 품목을 확인할 때
아하~ on sale 세일 중인

A Wow! Such a long line. What's going on?
우와! 줄이 무지 기네. 무슨 일이지?

B Oh, that? **Meat is on sale today.** Let's get in line.
아, 저거? **오늘 고기가 할인이야.** 줄 서자.

❷ You can get 30% off.

30% 할인받을 수 있어요.

언제? 할인 폭을 알려줄 때
아하~ get ~% off ~퍼센트 할인 받다

A Why should I buy this car now?
제가 왜 이 자동차를 지금 사야 하죠?

B It's because **you can get 30% off.**
왜냐면 30% 할인받을 수 있거든요.

❸ It's buy one, get one free.

원 플러스 원이야.

언제? 한 개 값에 두 개를 준다고 말할 때
아하~ free 공짜인, 무료인
잠깐! '원 플러스 원'을 뜻하는 buy one, get one free는 줄여서 BOGO 라고도 말한다.

A We don't need two. Take one back.
우리 두 개 필요 없잖아. 한 개는 도로 갖다 놓지 그래.

B **It's buy one, get one free.** We have no choice.
원 플러스 원이야. 선택의 여지가 없어.

❹ Can you give me a discount?

좀 깎아줄 수 있어요?

언제? 구매하고 싶은데 가격이 비쌀 때
아하~ give me a discount 내게 할인해주다, 깎아주다

A I really want to buy this smartphone. **Can you give me a discount?**
이 스마트폰을 꼭 사고 싶거든요. **좀 깎아줄 수 있어요?**

B No, I'm sorry. I have to make a living, you know.
아니요. 미안해요. 저도 먹고 살아야 하잖아요.

❺ What's your best price?

얼마까지 깎아줄 수 있어요?

언제? 최대한 가능한 할인 폭을 물어볼 때
잠깐! 깎아서 '제일 싸게 해줄 수 있는 가격'은 best price로 간단히 표현

A **What's your best price?** I'm a regular here, remember?
얼마까지 깎아줄 수 있어요? 저 여기 단골이잖아요.

B Okay. 75 dollars. Nothing lower.
알았어요. 75달러 주세요. 더 이상은 안 돼요.

*regular (customer) 단골 (손님)

❻ I'll take it for $50.

50달러면 살게요.

언제? 내가 원하는 가격을 부를 때
아하~ take it for + 값 ~에 그것을 사다

A How much do you have in mind?
얼마를 생각하고 있는데요?

B **I'll take it for $50.**
50달러면 살게요.

❼ Throw in a few more.

몇 개 더 덤으로 주세요.

언제? 공짜로 덤을 달라고 요청할 때
아하~ throw in ~을 덤으로 주다

A Here are your mangos.
여기 망고 드리겠습니다.

B Wait, only ten? Come on. **Throw in a few more.**
잠깐, 겨우 열 개네요? 에이, **몇 개 더 덤으로 주세요.**

❽ Can I just get three dollars off?

3달러만 빼주세요.

언제? 가격을 흥정할 때
아하~ get ~ off ~을 빼다, 제하다

A This is as low as I can go. I'm sorry.
이 이상은 더 못해 드립니다. 죄송합니다.

B Just a little more! **Can I just get three dollars off?**
좀만 더요! **3달러만 빼주세요.**

❾ This is a rip-off!

이거 바가지잖아요!

언제? 가격이 너무 비싸다는 생각이 들 때
아하~ rip-off 바가지

A That will be 980 dollars.
980달러 되겠습니다.

B What? **This is a rip-off!** Don't take me for a fool.
뭐라고요? **이거 바가지잖아요!** 누굴 바보로 아나.

*take someone for a fool ~를 바보로 취급하다

❿ Let's settle for 200 dollars.

200달러로 합시다.

언제? 흥정 끝에 최종 가격을 제안할 때
아하~ settle for ~로 정하다

A I can give it to you for 240 dollars. This is my best offer.
240달러로 해드릴 수 있습니다. 이게 제일 잘 해드리는 거예요.

B I don't think so. **Let's settle for 200 dollars.**
아닌 것 같은데요. **200달러로 합시다.**

❶ How much in total?
전부 얼마예요?

언제?	여러 물건을 한꺼번에 계산할 때
야하~	How much ~? (값이) 얼마 ~? | in total 통틀어, 전부
잠깐!	물건 하나를 집으며 '이건 얼마예요?' 하려면 How much is it?

A **How much in total?**
전부 얼마예요?

B Wow, you've got a lot of beer. That will be $148.
우와, 맥주를 많이 사셨네요. 148달러 되겠습니다.

❷ How much do I owe you?
얼마 드리면 되나요?

언제?	내가 지불해야 할 금액을 물을 때
야하~	owe 빚을 지다
직역	내가 당신에게 얼마를 빚졌어요?

A This is it, sir.
다 왔습니다. 손님.

B Oh, already? **How much do I owe you?**
아, 벌써요? 얼마 드리면 되나요?

❸ What's the regular price?
정가는 얼마예요?

언제?	할인 전 원래 가격이 궁금할 때
야하~	regular price 정가

A **What's the regular price?**
정가는 얼마예요?

B $500. So this means you're getting a 20% discount.
500달러예요. 그러니까 20% 할인받는 셈이죠.

❹ How much is the group-buy price?
공동구매하면 얼마예요?

언제?	여러 사람이 모여 대량구매할 때
야하~	group-buy price 공동구매 가격

A **How much is the group-buy price?**
공동구매하면 얼마예요?

B It depends on the number of people involved.
구매자 수에 따라 달라요.

❺ I'll charge it.
신용카드로 할게요.

언제?	신용카드로 계산할 때
야하~	charge 신용카드로 계산하다
잠깐!	I'll pay by credit card. 또는 By credit card.라고 말해도 된다.

A How would you like to pay, sir?
지불은 어떻게 하시겠어요, 손님?

B Let's see. Ah, **I'll charge it.**
가만 있자. 아, 신용카드로 할게요.

❻ I'll pay in cash.
현금으로 낼게요.

언제?	현금으로 계산할 때
야하~	pay in cash 현금으로 계산하다

A **I'll pay in cash.** I forgot to bring my credit card.
현금으로 낼게요. 신용카드를 깜빡했네요.

B Ah, in that case, I can give you a 5% discount.
아, 그렇다면 5% 할인해드릴 수 있습니다.

❼ I'm going to pay in installments.
할부로 낼 거야.

언제?	일시불이 부담스러울 때
야하~	in installments 할부로

A Oh, the statement is here. Let's see. Arrgh!
오호, 청구서가 왔네. 어디 보자. 으악!

B Don't worry. **I'm going to pay in installments.**
괜찮아. 할부로 낼 거야.

*statement 청구서, 내역서

❽ I'd like a receipt.
영수증 주세요.

언제?	계산 후 영수증을 챙길 때
야하~	receipt [risíːt] 영수증

A Wait. **I'd like a receipt.**
아차. 영수증 주세요.

B Oops, let me look for it in the trash can.
이런. 쓰레기통을 뒤져볼게요.

❾ I'd like to exchange this.
이것 좀 교환해 주세요.

언제?	구매한 물건을 교환할 때
야하~	exchange 교환하다

A **I'd like to exchange this.** It's too small for me.
이것 좀 교환해 주세요. 제겐 너무 작네요.

B Sure thing. Did you bring your receipt?
물론이죠. 영수증은 가져 오셨죠?

❿ I'd like a refund.
환불해 주세요.

언제?	구매한 물건을 환불할 때
야하~	refund 환불

A **I'd like a refund,** but I lost my receipt.
환불하고 싶은데. 영수증은 잃어버렸어요.

B Ooh, it's going to be tricky, then.
오, 그렇다면 쉽지 않겠는데요.

*tricky 힘든, 곤란한

▶ 〈모의고사 40회〉 정답입니다.

Study081.mp3

❶ It's clear today.

오늘 날씨가 맑아.

언제? 하늘에 구름이 없고 맑을 때
아하~ clear 날씨가 맑은
잠깐! 날씨를 말할 때는 〈It's + 날씨형용사〉의 형태로 말하는 경우가 많다.

A What's the weather like?
날씨가 어때?
B **It's clear today.** How about a picnic?
오늘 날씨가 맑아. 피크닉 갈래?

❷ The weather is mild.

날씨가 포근하네.

언제? 기온이 따뜻할 때
아하~ mild (날씨가) 포근한, 온화한

A **The weather is mild.** I shouldn't have worn this sweater.
날씨가 포근하네. 이 스웨터를 괜히 입었나 봐.
B Do you want me to carry it for you?
내가 들어줄까?

❸ It's beginning to sprinkle.

빗방울이 떨어지네.

언제? 비가 내리기 시작할 때
아하~ sprinkle (비가) 약간 뿌리다

A Oh, no! **It's beginning to sprinkle.**
이런! 빗방울이 떨어지네.
B Then let's just stay in the car and listen to some music.
그럼 그냥 차 안에서 음악이나 듣자.

❹ It's raining on and off.

비가 오락가락하네.

언제? 비가 오다 그치다를 반복할 때
아하~ on and off 오락가락, 때때로

A **It's raining on and off.** Should we head home?
비가 오락가락하네. 집으로 갈까?
B Yeah, let's go back while it has stopped raining.
그래. 비가 멈췄을 때 돌아가자.

❺ It's only a passing shower.

그냥 지나가는 비야.

언제? 비가 오래 올 것 같지는 않을 때
아하~ passing shower 지나가는 비

A Oh, no! I left my window open at home.
이럴 수가! 집에 창문 열어놓고 왔는데.
B **It's only a passing shower,** so it should be okay.
그냥 지나가는 비야. 그러니까 괜찮을 거야.

❻ It's raining cats and dogs.

비가 억수같이 퍼붓고 있어.

언제? 하늘에 구멍이 뚫린 듯 비가 내릴 때
잠깐! 비가 몹시 퍼붓는 것을 개와 고양이가 난리 치며 싸우는 모습에 비유

A Wow! **It's raining cats and dogs.**
우와! 비가 억수같이 퍼붓고 있어.
B And we are inside a cafe. How romantic!
그리고 우린 카페 안에 있잖아. 너무 로맨틱하다!

❼ There's a typhoon coming.

태풍이 온다.

언제? 태풍이 다가오고 있을 때
아하~ typhoon 태풍
직역 오고 있는 태풍이 있다.

A Did you hear the news? **There's a typhoon coming.**
뉴스 들었어? 태풍이 온다.
B Let's stay in the basement like last year.
작년처럼 지하실에 가 있자.

❽ The wind has died down.

바람이 잠잠해졌어.

언제? 불던 바람이 더 이상 불지 않을 때
아하~ die down 잠잠해지다, 약해지다
잠깐! 계속 불던 바람이 잠잠해졌단 얘기이므로 과거부터 계속되던 일에 대한 완료를 뜻하는 현재완료형을 쓴다.

A Phew! **The wind has died down** finally.
휴! 이제야 바람이 잠잠해졌어.
B Ha ha! Look at your hair. It's hilarious!
하하! 네 머리 좀 봐. 가관이다!

*hilarious 아주 우스운

❾ The fog is thick.

안개가 자욱해.

언제? 안개가 짙게 꼈을 때
아하~ fog 안개 | thick (안개가) 짙은

A **The fog is thick.** Driving will be dangerous.
안개가 자욱해. 운전하기 위험하겠는 걸.
B Oh, no. We'll be late for the wedding.
어쩌지. 결혼식에 늦겠어.

❿ The weather is getting worse.

날씨가 점점 더 안 좋아지네.

언제? 비·바람·눈 등의 강도가 심해질 때
아하~ get worse 악화되다

A Let's stop playing golf. **The weather is getting worse.**
골프 그만 치자. 날씨가 점점 더 안 좋아지네.
B No, no. I think the weather is rather helping me.
아니야. 오히려 날씨가 날 도와주고 있는 것 같아.

❶ The weather is perfect.
날씨가 딱이야.

언제? 예정된 활동에 날씨가 안성맞춤일 때
아하~ perfect (날씨가) 딱 좋은

A **The weather is perfect** for camping. Let's get our things ready.
캠핑 가기에 **날씨가 딱이야.** 갈 준비하자.

B Oh, but our RV has broken down.
아, 근데 캠핑카가 고장이야.

❷ What mixed weather!
종잡을 수 없는 날씨야!

언제? 하루 사이에 날씨 변동이 심할 때
아하~ mixed (좋고 나쁜 것이) 뒤섞인

A **What mixed weather!** We'd be fools to go out.
종잡을 수 없는 날씨야! 집 나가면 개고생일 거야.

B Yeah, let's stay home. How about a cup of hot chocolate?
그래, 집에 있자. 따뜻한 코코아 한 잔 어때?

*We'd be fools to do ~하면 개고생일 거야, 어리석은 짓일 거야
(We'd는 We would의 축약형)

❸ The weather's going to improve.
날씨가 좋아질 거야.

언제? 먹구름이 걷히고 있을 때
아하~ improve (날씨가) 좋아지다

A Man, I have a field trip tomorrow.
어쩌지, 내일 현장 학습이 있는데.

B Good news. **The weather's going to improve** tomorrow.
좋은 소식이야. **내일 날씨가 좋아진대.**

❹ The weather has gotten better.
날씨가 풀렸어.

언제? 추웠던 날씨가 따뜻해졌을 때
아하~ get better 날씨가 풀리다, 날이 해동되다
잠깐! 겨울이 지나고 봄이 올 무렵에 자주 쓰게 되는 표현이다.

A Thank goodness. **The weather has gotten better.**
정말 다행이야. **날씨가 풀렸어.**

B Phew. It's goodbye to these cumbersome clothes!
휴. 이제 이 거추장스러운 옷들은 안녕이다!

❺ There's a draft.
외풍이 있어.

언제? 찬바람이 실내로 새 들어올 때
아하~ draft (방 안에 흐르는 한 줄기의) 찬바람, 외풍

A **There's a draft.** Why is that?
외풍이 있어. 왜 그러지?

B It's the way this house was built.
이 집이 그렇게 지어져서 그래.

❻ The air is dry.
공기가 건조해.

언제? 가습기가 생각날 정도로 건조할 때
아하~ air 공기 | dry 건조한

A **The air is dry.** Uh-oh, I wear contact lenses.
공기가 건조해. 나 렌즈 끼는데 어쩌지.

B Why don't you just wear your glasses instead?
그냥 대신 안경을 쓰지 그래?

❼ It's too cold in here.
이 안은 너무 춥다.

언제? 실내 공기가 추울 때
아하~ cold 추운 (↔ hot)
잠깐! 그냥 here라고만 하면 실내일 수도 있고 실외일 수도 있지만, in here 라고 하면 실내를 의미한다.

A **It's too cold in here.** Turn on the heater, please.
이 안은 너무 춥다. 히터 좀 틀어주라.

B Just put on a sweater.
그냥 스웨터 입어.

❽ It's stuffy in here.
이 안은 갑갑하다.

언제? 환기가 안 되는 밀폐 공간에 있을 때
아하~ stuffy (공기가) 갑갑한

A **It's stuffy in here.** Can I open the window?
이 안은 갑갑하네요. 창문 열어도 될까요?

B I'm sorry. The people outside don't like cigarette smoke.
곤란해요. 밖에 있는 사람들이 담배 연기를 싫어해서요.

❾ It smells moldy.
곰팡이 냄새가 나.

언제? 습도가 높아 곰팡이가 생겼을 때
아하~ smell + 형용사 ~ 냄새가 나다 | moldy 곰팡이가 핀
잠깐! 특히 습한 여름에 집안 구석이나 쑤셔놓은 옷가지 등에서 접할 수 있는 상황이다.

A Come here and smell this. **It smells moldy.**
와서 이거 냄새 좀 맡아봐. **곰팡이 냄새가 나.**

B Oh, no! Let's take that leather jacket to the dry cleaners.
이런! 그 가죽잠바를 세탁소에 맡기자.

❿ I need to get some fresh air.
바람 좀 쐬야겠다.

언제? 실내 공기가 갑갑하거나 어떤 일에 너무 몰두하다 보니 골치가 아플 때
아하~ get some fresh air 바람 좀 쐬다
직역 난 신선한 공기를 좀 얻어야 할 필요가 있어.

A **I need to get some fresh air.**
난 **바람 좀 쐬야겠다.**

B Yeah, it's so stuffy in here. Let's go for a walk.
그래, 이 안 공기가 너무 갑갑하다. 산책이나 가자.

▶ 〈모의고사 41회〉 정답입니다.

❶ The spring has sprung.
봄이 왔어.

- 언제? 새싹이 나고 기온이 따뜻해졌을 때
- 아하 spring 봄, (새싹들이 땅에서) 튀어 오르다
- 잠깐! sprung은 spring의 과거분사로서 spring(봄)과 라임을 맞추기 위해 사용된 것

A Yahoo! **The spring has sprung.**
아호! **봄이 왔어.**
B Yes, I can smell it!
그래, 봄 내음이 난다!

❷ I have spring fever.
난 봄을 타.

- 언제? 봄만 되면 싱숭생숭해질 때
- 아하 spring fever 초봄의 나른함, 우울증

A **I have spring fever.** That's why I called you.
난 봄을 타. 그래서 너한테 전화했어.
B Let's go for a drive. I'll pick you up in an hour.
드라이브 가자. 한 시간 안에 널 데리러 갈게.

❸ We're in the middle of a cold snap. 꽃샘추위가 기승을 부리네.

- 언제? 봄이 오기 전에 다시 추워질 때
- 아하 cold snap 꽃샘추위

A **We're in the middle of a cold snap.** Be careful. You'll catch a cold.
꽃샘추위가 기승을 부리네. 조심해. 감기 걸릴라.
B I already have.
이미 걸렸어.

❹ Spring is in the air.
봄기운이 완연하다.

- 언제? 날씨가 따뜻해지고 꽃들이 피어날 때
- 아하 in the air (어떤) 기운이 감도는

A **Spring is in the air.** Want to go for a walk?
봄기운이 완연하다. 산책 갈래?
B What a great idea!
그거 멋진 생각인데!

*go for a walk 산책하러 가다

❺ There's a yellow dust warning.
황사 경보가 내렸어.

- 언제? 반갑지 않은 봄 손님 황사가 밀려오는 시기에
- 아하 yellow dust warning 황사 경보 (dust 흙먼지)

A **There's a yellow dust warning** today.
오늘 **황사 경보가 내렸어.**
B Oh, no! I'm wearing contact lenses.
이런! 나 콘택트렌즈 꼈는데.

❻ It's scorching hot.
푹푹 찐다.

- 언제? 가마솥 더위가 계속될 때
- 아하 scorching hot 모든 걸 태워 버릴 듯이 더운

A **It's scorching hot.** I badly need a cold beer.
푹푹 찐다. 시원한 맥주가 몹시 필요해.
B Let's go inside. I have some in the fridge.
안으로 들어가자. 냉장고 안에 몇 개 있어.

❼ The heat is unbearable.
더워서 못 참겠어.

- 언제? 너무 더워서 견디기 힘들 때
- 아하 unbearable 참을 수 없는, 견딜 수 없는 (cf. bear 참다)
- 잠깐! I sweat a lot. 난 땀을 많이 흘려. (sweat 땀을 흘리다)

A **The heat is unbearable.** I feel like fainting.
더워서 못 참겠어. 기절할 것 같아.
B Oh, dear! You might have heatstroke.
저런! 열사병일지도 몰라.

*faint 기절하다 | heatstroke 열사병

❽ There's a tropical night phenomenon. 열대야 현상이네.

- 언제? 너무 더워 잠들지 못할 때
- 아하 tropical night 열대야 (tropical 열대 지방의) phenomenon 현상

A **There's a tropical night phenomenon.** I can't sleep.
열대야 현상이네. 잠을 못 자겠어.
B Should we go and lie by the brook? It'll be cool.
우리 개울가에 가서 누워 있을까? 시원할 텐데.

*brook 개울

❾ I'm dying of thirst.
목말라 죽겠어.

- 언제? 땡볕 더위 때문에 목이 탈 때
- 아하 thirst 갈증

A **I'm dying of thirst.** Do you have change?
목말라 죽겠어. 잔돈 있니?
B I have plenty. But where's a vending machine?
충분해. 근데 자판기는 어디 있는 거야?

*vending machine 자판기

❿ It's muggy.
후덥지근해.

- 언제? 끈적거리고 습한 날씨일 때
- 아하 muggy 후덥지근한 (cf. humid 습한)

A I hate this kind of weather. **It's muggy.**
이런 날씨는 너무 싫어. **후덥지근해.**
B Should we stop playing tennis, then?
그럼 테니스 그만 칠까?

Study084.mp3

❶ Fall is just around the corner.

가을이 코앞이야.

언제? 단풍이 들기 시작했을 때
아하~ just around the corner 곧 다가오는, 임박한

A **Fall is just around the corner.** What should we do?
  가을이 코앞이야. 우리 뭐 할까?
B How about a train trip?
  기차여행 어때?

❷ The leaves are changing color.

나뭇잎들이 물들고 있어.

언제? 가로수 색깔이 울긋불긋 변할 때
아하~ change color 물들다

A Look at that. **The leaves are changing color.**
  저것 좀 봐. 나뭇잎들이 물들고 있어.
B It's the magic of Mother Nature.
  대자연이 요술을 부리는구나.

＊Mother Nature 대자연

❸ Let's go leaf peeping.

우리 단풍 구경가자.

언제? 붉게 물든 단풍을 보러 가자고 할 때
아하~ leaf peeping 단풍 구경 (peep 훔쳐보다, 살짝 보다)

A **Let's go leaf peeping.** It's the perfect time.
  우리 단풍 구경 가자. 절호의 기회야.
B Okay. I'll pack us a lunch, and you do the driving.
  알았어. 내가 도시락 쌀 테니 네가 운전해.

❹ Look at the piles of fallen leaves.

낙엽 쌓인 것 좀 봐.

언제? 낙엽이 많이 떨어져 쌓여 있을 때
아하~ pile (쌓인) 더미 | fallen leaves 낙엽

A **Look at the piles of fallen leaves.** Should we jump into one?
  낙엽 쌓인 것 좀 봐. 우리 뛰어 들어가 볼까?
B No, I want you to rake the leaves.
  아니. 낙엽들 좀 한데 모아봐.

＊rake 갈퀴로 모으다

❺ I get sentimental in autumn.

가을이면 감상에 빠져.

언제? 가을이 되면 왠지 센치해질 때
아하~ get sentimental 감상에 빠지다
잠깐! 우리말처럼 쓰이는 '센치해지다'는 영어의 sentimental(감상적인)에서 유래된 것

A You're still looking out the window! What's out there?
  아직도 창 밖을 보고 있네! 밖에 뭐가 있는데?
B Oh, it's just... **I get sentimental in autumn.**
  아, 그냥… 가을이면 감상에 빠져서.

❻ Autumn is the perfect season for reading.
가을은 독서의 계절이잖아.

언제? 책을 읽기에 안성맞춤인 계절이라고 할 때
직역 가을은 책읽기에 완벽한 계절이다.

A Why are you taking me to the bookstore?
  왜 나를 서점에 데려가는데?
B **Autumn is the perfect season for reading.**
  가을은 독서의 계절이잖아.

❼ It's snowing big, fat snowflakes.

함박눈이 내리고 있어.

언제? 탐스러운 눈이 펑펑 내릴 때
아하~ snowflake 눈송이

A Look! **It's snowing big, fat snowflakes.**
  이것 좀 봐! 함박눈이 내리고 있어.
B Let's take your dog outside. She'll love it.
  너희 개를 밖으로 데리고 나가자. 엄청 좋아할 걸.

❽ Everything is covered in snow.

온 세상이 하얗다.

언제? 온통 하얀 눈으로 뒤덮였을 때
아하~ be covered in ~으로 뒤덮이다

A Wow! **Everything is covered in snow.** Huh? Why are you on your knees?
  우와! 온 세상이 하얗다. 어? 무릎은 왜 꿇어?
B Will you marry me?
  나와 결혼해 주겠니?

❾ It must have snowed all night long.
밤새도록 눈이 내렸나 봐.

언제? 아침에 보니 온 세상이 하얄 때
아하~ must have p.p 분명히 ~했었나봐 (과거에 대한 강한 추측)
  all night long 밤새도록

A John, come to the window! Do you see that?
  존, 창문으로 와봐! 저거 보이니?
B Wow! **It must have snowed all night long.**
  우와! 밤새도록 눈이 내렸나 봐.

❿ I get cold easily.

난 추위를 많이 타.

언제? 조금만 추워도 금세 추워하는 체질일 때
아하~ get cold 추워지다, 추위를 타다
직역 나는 쉽게 추워진다.

A What? You're wearing three sweaters?
  뭐야? 스웨터를 세 겹이나 입었어?
B **I get cold easily.** By the way, do I look fat?
  내가 추위를 많이 타거든. 그나저나 나 뚱뚱해 보여?

▶ 〈모의고사 42회〉 정답입니다.

❶ Is that the time?

시간이 벌써 이렇게 됐어?

언제? 집중하다 보니 어느새 시간이 훌쩍 지났을 때
직역 저게 바로 지금 시간이야?

A **Is that the time?**
시간이 벌써 이렇게 됐어?

B Surprised? It happens when you're playing poker.
놀랐지? 포커 게임을 하다 보면 이렇게 돼.

❷ Time is crawling.

시간이 너무 안 가네.

언제? 너무 지루해서 시간이 천천히 갈 때
아하~ crawl 기어가다
잠깐! Time flies. 시간이 너무 빨리 간다.

A **Time is crawling.** I hate waiting for connecting flights.
시간이 너무 안 가네. 연결 비행기 기다리는 건 질색이야.

B Let's watch a movie together on my iPhone.
내 아이폰으로 영화나 같이 보자.

❸ That cuckoo clock keeps bad time. 저 뻐꾸기시계는 시간이 안 맞네.

언제? 시계의 시간이 늦거나 빠를 때
아하~ keep bad time (시계의) 시간이 안 맞다 (↔ keep good time)
잠깐! My watch keeps good time. 내 손목시계는 정확해.
(watch 손목시계)

A **That cuckoo clock keeps bad time.**
저 뻐꾸기시계는 시간이 안 맞네.

B Oh, Mr. Cuckoo is a bit lazy today.
아, 뻐꾸기 씨가 오늘 좀 게으르시네.

❹ That clock is three minutes fast. 저 시계는 3분 빨라.

언제? 시계가 실제 시간보다 빠를 때
아하~ be ~ minute fast (시계가) ~분 빠르다
잠깐! My watch is three minutes slow. 내 손목시계는 3분 느려.

A Okay, let's go in.
좋았어. 이제 들어가자.

B Wait! Not yet. **That clock is three minutes fast.**
He told us to come in exactly at four o'clock.
잠깐! 아직 안 돼. 저 시계는 3분 빨라. 그는 정확히 4시에 들어오랬어.

❺ I mistook the time.

시간을 착각했어.

언제? 시계를 잘못 봤거나 약속시간을 잘못 알았을 때
아하~ mistake 착각하다, 잘못 판단하다
(mistake - mistook - mistaken)

A Why are you late?
왜 늦은 거야?

B **I mistook the time.**
시간을 착각했어.

❻ Do you have the time?

시간 좀 알 수 있을까요?

언제? 공손하게 시간을 물어볼 때
잠깐! What time is it now?보다 공손한 표현으로, 모르는 사람에게 시간을 물을 때 적합. 이 경우 time 앞에 the를 붙여야 한다는 점에 주의!

A **Do you have the time?**
시간 좀 알 수 있을까요?

B Yes, let me just finish my phone call.
네, 통화 좀 끝내고 말씀 드릴게요.

❼ It's twelve o'clock sharp.

12시 정각이야.

언제? 시간이 딱 정각일 때
아하~ sharp 정각

A **It's twelve o'clock sharp.** Amazing, it keeps perfect time.
12시 정각이야. 놀랍군. 시간이 정확해.

B Yeah, and it's two hundred years old.
그러게. 200년 된 시계인데 말이야.

❽ It's half past ten.

10시 반이야.

언제? 정각에서 30분이 지났을 때
아하~ 분 + past + 시 ~시 …분 | half 반
직역 10시를 지나서 반이다.

A **It's half past ten.** He's not coming.
10시 반이야. 얘가 안 오네.

B Let's be patient. It must be the traffic.
조바심 내지 말자. 교통체증 때문일 거야.

❾ It's just past six.

막 6시가 넘었어.

언제? 정각에서 1~2분 정도 넘었을 때
아하~ just past 이제 막 지난
직역 6시를 막 지나다.

A I must have dozed off. What time is it now?
내가 깜빡 졸았나 보네. 지금 몇 시예요?

B **It's just past six.** Did you finish your homework?
막 6시가 넘었어. 숙제는 다 했니?

*doze off 깜빡 졸다

❿ It's quarter to five.

5시 15분 전이야.

언제? 4시 45분을 다르게 표현할 때
아하~ 분 + to + 시 ~시 …분 전
quarter 60분의 1/4(quarter)이라는 의미
잠깐! It's ten to eight. 8시 10분 전이야.

A Wake up! **It's quarter to five.**
일어나! 5시 15분 전이야.

B Fifteen more minutes. I'll wake up at 5 o'clock.
15분만 더. 5시에 일어날게.

❶ I'm a die-hard fan of action movies.
난 액션영화광이야.

언제? 특정 영화 장르의 마니아일 때
아하~ die-hard fan 광팬
잠깐! die-hard fan 대신 big fan 혹은 huge fan을 써도 된다.

A But you've already seen "Die Hard" four times!
하지만 넌 벌써 '다이하드'를 네 번이나 봤잖아!

B I can't help it. **I'm a die-hard fan of action movies.**
어쩔 수 없어. **난 액션영화광이야.**

❷ That movie is 3 hours long.
저 영화는 3시간짜리야.

언제? 영화의 상영시간을 알려줄 때
직역 그 영화는 3시간 길이다.

A **That movie is 3 hours long.** Let's not watch it.
저 영화는 3시간짜리야. 보지 말자.

B But I love horror movies! And it's my birthday today.
하지만 내가 공포영화 엄청 좋아하잖아. 그리고 오늘은 내 생일이고.

❸ This movie is a sequel to "Once."
이 영화는 '원스'의 속편이야.

언제? 전에 나왔던 영화의 후속편일 때
아하~ sequel to ~의 속편

A **This movie is a sequel to "Once."**
이 영화는 '원스'의 속편이야.

B Oh, really? I loved the first one!
오, 그래? 첫 번째 편 너무 좋았는데!

❹ I booked two tickets to "Iron Dog." '아이언독' 표 2장 예매했어.

언제? 영화표를 예매했을 때
아하~ book (표, 좌석 등을) 예약하다
잠깐! 영화 보러 가자고 가볍게 제안할 때는 How about a movie?

A **I booked two tickets to "Iron Dog."**
'아이언독' 표 2장 예매했어.

B Oh, good. I felt like watching an animated movie.
오, 좋아. 마침 만화영화를 보고 싶었는데.

❺ It was so-so.
그저 그랬어.

언제? 영화를 본 소감이 별로였을 때
아하~ so-so 그저 그런, 평범한
잠깐! It was awesome! 끝내줬어!

A Did you enjoy the movie?
영화 재미있었어?

B **It was so-so.** I wouldn't recommend it.
그저 그랬어. 추천하고 싶지는 않아.

❻ I'm tone deaf.
난 음치야.

언제? 노래를 못한다고 말할 때
아하~ tone deaf 귀로 음(tone)을 구별할 줄 모르는, 음치의

A I know it's only our second date, but how about karaoke?
이제 겨우 두 번째 데이트인 건 알지만, 노래방 어때요?

B Sorry. **I'm tone deaf.**
미안해요. 저 음치예요.

❼ This is my favorite song.
이게 내 18번이야.

언제? 내가 즐겨 부르는 노래를 고르며
아하~ my favorite 내가 제일 좋아하는
잠깐! 우리말의 '18번곡'은 '제일 좋아하는'이란 의미의 favorite를 써서 my favorite song 정도로 표현하면 된다.

A Okay, here we go! Ha, ha! **This is my favorite song.**
자, 간다! 하하! 이게 내 18번이야.

B Not that song again! I've heard it hundreds of times.
또 그 노래야? 수백 번도 더 들었어.

❽ That song sounds familiar.
저 노래 귀에 익은데.

언제? 어디서 많이 들어본 노래 같을 때
아하~ sound familiar 귀에 익다 (familiar 낯익은, 익숙한)

A **That song sounds familiar.** I can't remember the title.
저 노래 귀에 익은데. 제목을 잊어버렸네.

B Me, neither. I hate it when this happens!
나도. 이럴 때가 너무 싫어!

❾ I have a frog in my throat.
목이 쉬었어.

언제? 노래 후유증으로 목이 쉬었을 때
잠깐! 목이 쉰 것을 목구멍(throat)에 개구리(frog)가 있다고 비유

A I can't sing. **I have a frog in my throat.**
노래 못 부르겠어. 목이 쉬었어.

B I see. I'll get you some warm water, then.
그렇구나. 그럼 따뜻한 물 갖다 줄게.

❿ I can't hit the high notes.
나 고음불가야.

언제? 높은 음이 안 올라간다고 말할 때
아하~ hit 닿다 | high note 고음

A Come on, let's sing the chorus together!
자, 후렴은 같이 부르자!

B Oh, I can't. **I can't hit the high notes.**
이, 안 돼. 나 고음불가야

❶ I skipped class.

수업 땡땡이 쳤어.

언제? 놀고 싶어서 수업을 빼먹었을 때
아하~ skip class 수업을 빠지다

A Aren't you supposed to be at school?
너 학교에 있어야 하는 거 아냐?

B **I skipped class.** By the way, where are we going?
수업 땡땡이 쳤어. 그건 그렇고, 우리 어디 가는 거야?

❷ I'm cramming for my test.

시험 때문에 벼락치기 중이야.

언제? 시험 바로 전에 몰아서 공부할 때
아하~ cram for ~을 대비해서 벼락치기 공부를 하다

A What are you doing at this hour?
이 시간에 뭐 하고 있니?

B **I'm cramming for my test,** Mom. I'm so sleepy.
시험 때문에 벼락치기 중이에요, 엄마. 너무 졸려요.

❸ I cheated on my test.

나 시험 커닝했어.

언제? 남의 시험지를 보고 답을 썼을 때
아하~ cheat on one's test 시험에서 커닝하다

A Why does your teacher want to see me?
네 선생님이 왜 날 보자는 거지?

B **I cheated on my test.**
제가 시험 커닝했거든요.

❹ She passed the entrance test.

걔가 입학시험에 합격했어.

언제? 고입·대입 등의 시험에 통과할 때
아하~ pass 합격하다 | entrance test 입학시험
잠깐! She failed the entrance test. 걔는 입학시험에 떨어졌어.

A What's this champagne for?
이 샴페인은 뭐예요?

B It's for your sister. **She passed the entrance test.**
네 여동생을 위한 거란다. 걔가 입학시험에 합격했어.

❺ He's burning the midnight oil.

걔 밤늦게까지 공부하고 있어.

언제? 잠을 안 자고 늦게까지 공부할 때
아하~ burn the midnight oil (공부나 일을 하느라) 밤늦게까지 불을 밝히다

A Larry still hasn't come back from the library?
래리는 도서관에서 여태 안 왔어?

B **He's burning the midnight oil.** He wants to get the scholarship.
걔 밤늦게까지 공부하고 있어. 장학금 타겠다고.

*get the scholarship 장학금을 타다

❻ I'm a bookworm.

난 독서광이야.

언제? 틈만 나면 책 보는 게 취미일 때
아하~ bookworm 책벌레, 독서광

A What is your hobby? Wrestling?
취미가 뭐니? 레슬링?

B You won't believe this, but **I'm a bookworm.**
믿기 어렵겠지만 난 독서광이야.

❼ This book is a page-turner.

이 책은 책장이 술술 넘어가.

언제? 책이 재미있어서 페이지가 잘 넘어간다고 할 때
아하~ page-turner (흥미진진해서) 책장이 술술 넘어가는 책

A You read that mystery novel overnight?
하루 만에 그 추리소설을 다 읽었단 말이야?

B **This book is a page-turner.** I'll lend it to you.
이 책은 책장이 술술 넘어가. 너한테 빌려줄게.

❽ I'll just leaf through it.

그냥 대충 넘겨 볼게.

언제? 책을 빠르게 넘기며 대충 읽겠다고 할 때
아하~ leaf through (책 등을) 대충 넘겨 보다
잠깐! 팔랑거리는 나뭇잎(leaf)처럼 책 페이지를 가볍게 넘기며 통과한다(through)는 뉘앙스

A How can you read it in an hour?
어떻게 한 시간 만에 그걸 읽을 수 있겠어?

B It's okay. **I'll just leaf through it.**
괜찮아. 그냥 대충 넘겨 볼게.

❾ When is it due back?

반납일은 언제예요?

언제? 도서관에서 책을 빌리며 반납일을 확인할 때
아하~ due back 돌려주기로 되어 있는, 반납예정인

A I'd like to borrow this book. **When is it due back?**
이 책을 빌리고 싶은데요. 반납일은 언제예요?

B In a week.
일주일 후입니다.

❿ How much is the late fee?

연체료는 얼마예요?

언제? 책을 제때 반납하지 못했을 때
아하~ late fee 연체료

A I'm late in returning this book. **How much is the late fee?**
이 책을 늦게 반납하게 됐네요. 연체료는 얼마예요?

B Oh! It's been due for over a year!
어머, 연체된 지 일 년이 넘었네요!

❶ Rise and shine!
아침이다. 일어나!

언제? 일어날 시간이라며 깨울 때
잠깐! 해가 내리쬐고(shine) 있으니 일어나라는(rise) 표현

A **Rise and shine!**
아침이다. 일어나!

B Mmm... Just five more minutes.
음… 5분만 더요.

❷ I overslept!
늦잠 잤어!

언제? 잠을 너무 많이 자서 늦게 일어났을 때
아하~ oversleep 늦잠 자다
잠깐! I didn't set my alarm clock. 알람시계를 안 맞춰놨어.

A **I overslept!** Why didn't you wake me up?
늦잠 잤네! 왜 안 깨웠어?

B Sorry, you were sound asleep. Are you late?
미안, 네가 곤히 자길래. 지각이니?

＊sound asleep 곤히 잠든

❸ I'm still half-asleep.
나 아직 잠이 덜 깼어.

언제? 일어나긴 했지만 정신이 몽롱할 때
아하~ half-asleep 잠이 덜 깬, 비몽사몽인

A Can you help me with my homework?
나 숙제하는 것 좀 도와줄 수 있어?

B Sure, but bear in mind... **I'm still half-asleep.**
물론이지, 근데 이거 알아둬… 나 아직 잠이 덜 깼어.

＊bear in mind 명심하다, 마음에 새기다

❹ You have sleep in your eyes.
너 눈곱 꼈어.

언제? 상대방의 눈에 눈곱이 꼈을 때
아하~ sleep 눈곱

A What? Do I have ketchup on my face?
왜? 내 얼굴에 케첩이라도 묻었니?

B No. **You have sleep in your eyes.**
아니. 너 눈곱 꼈어.

❺ Did you sleep well?
잘 잤니?

언제? 일어난 직후 안부인사를 할 때
잠깐! sleep은 '잠', '잠자다'란 의미의 대표적인 단어로, 앞선 표현에서처럼 '눈곱'으로도 쓰인다.

A **Did you sleep well?**
잘 잤니?

B No, my dog whined in his sleep.
아니, 내 개가 자면서 낑낑대서 말이야.

＊whine (동물이) 낑낑거리다

❻ I slept like a log.
잠을 푹 잤어.

언제? 중간에 안 깨고 밤새 잘 잤을 때
잠깐! 마치 통나무(log)처럼 세상 모르고 잤다는 의미

A Wow, **I slept like a log** all night.
이야, 밤새 잠을 푹 잤어.

B Oh, my! You slept for 12 hours.
이야! 너 12시간 동안 잤어.

❼ I didn't sleep a wink.
한숨도 못 잤어.

언제? 밤을 뜬눈으로 지새웠을 때
아하~ not sleep a wink 한숨도 못 자다

A Did you hear about the burglary?
빈집털이 이야기 들었니?

B Yeah! **I didn't sleep a wink** last night.
그러게! 어젯밤 한숨도 못 잤어.

＊burglary 절도, 빈집털이

❽ I had trouble sleeping.
잠을 설쳤어.

언제? 잠을 자다가 자꾸 뒤척였을 때
아하~ have trouble -ing ~하는 데 어려움이 있다
잠깐! 참고로 '불면증'은 insomnia라고 한다.

A **I had trouble sleeping** last night.
어젯밤 잠을 설쳤어.

B What, even though I gave you that sleeping pill?
뭐, 내가 그 수면제를 줬는데도?

＊sleeping pill 수면제

❾ You talk in your sleep.
넌 잠꼬대를 해.

언제? 잠잘 때 자기도 모르게 중얼거리는 습관이 있는 사람에게
아하~ talk in one's sleep 잠꼬대하다
잠깐! He snores from time to time. 그는 가끔 코를 골아.
(snore 코를 골다)

A **You talk in your sleep.** I actually recorded you.
내가 잠꼬대를 하잖아, 내가 너 녹음해놨으니까.

B Really? Let's listen to it together!
그래? 같이 들어보자!

❿ Sleep tight.
잘 자.

언제? 잠자리에 들려는 사람에게 인사할 때
잠깐! 특히 아이들에게 하는 인사이다.

A **Sleep tight,** my girl.
잘 자라, 우리 딸.

B You too, Dad. Sweet dreams.
아빠도요, 좋은 꿈 꾸세요.

▶ 〈모의고사 44회〉 정답입니다.

❶ Have you washed?

다 씻었니?

언제? 세수나 샤워를 했는지 확인할 때
아하~ wash 씻다
잠깐! 씻는 것을 완료했는지 현재완료를 사용해서 질문한다.

A **Have you washed?**
다 씻었니?

B No, not yet. You go ahead. I can wait.
아니, 아직. 먼저 씻어. 난 좀 이따 할게.

❷ Rinse the soap off your face.

얼굴에 비누 좀 씻어내.

언제? 세수 후 얼굴에 비누기가 남아 있을 때
아하~ rinse ~ off one's face 얼굴에서 ~을 헹구어내다

A **Rinse the soap off your face.**
얼굴에 비누 좀 씻어내.

B I already did! Mom, I'm 20 years old.
했단 말이에요! 엄마, 저 스무 살이에요.

❸ Brush your teeth right after you've eaten. 식후에 바로 양치해야지.

언제? 양치질을 미루지 말고 얼른 하라고 할 때
아하~ brush one's teeth 양치질하다
right after ~한 바로 직후에 (= immediately after)

A Can't I brush my teeth a little bit later?
조금만 이따가 양치하면 안 돼요?

B No. **Brush your teeth right after you've eaten.**
안 돼. 식후에 바로 양치해야지.

❹ The bath is ready.

목욕물 준비됐어.

언제? 욕조에 더운 물을 받아놨을 때
아하~ bath (water) 목욕물

A **The bath is ready**, dear.
목욕물 준비됐어, 자기야.

B Thank you, darling. Wait, where's my rubber duck?
고마워, 여보. 가만, 내 고무 오리 어디 있지?

❺ Rinse your hair thoroughly.

머리를 제대로 헹궈.

언제? 머리를 감으면서 대충 헹구는 사람에게
아하~ rinse ~을 헹구다 | thoroughly 제대로, 꼼꼼하게

A **Rinse your hair thoroughly**, Timothy.
머리를 제대로 헹궈, 티모시.

B Ouch! Mommy, I have soap in my eyes. Help me.
아야! 엄마, 눈에 비누가 들어갔어요. 도와주세요.

❻ Blow dry your hair.

머리를 드라이로 말려.

언제? 머리를 감은 후 드라이 사용을 권할 때
아하~ blow dry (머리를) 드라이로 말리다

A I need more towels to dry my hair.
머리를 말리려면 수건이 더 필요한데.

B Just **blow dry your hair.**
그냥 머리를 드라이로 말려.

❼ I feel refreshed.

개운하다.

언제? 목욕을 마치고 나와 상쾌할 때
아하~ refreshed 상쾌한, 개운한

A Phew! **I feel refreshed.** I feel like a beer.
휴! 개운하다. 맥주가 당기는군.

B Go out and buy one for yourself.
직접 가서 사 오시지.

*I feel like + 음식 ~음식이 당기다

❽ Nature calls.

볼일 좀 보고 올게.

언제? 화장실에 가는 것을 은유적으로 표현할 때
잠깐! 대소변 등의 생리현상을 '자연이 부른다'로 재미있게 표현한 말

A Why are we stopping here? Did the car break down?
왜 여기 서는데? 차가 고장 났어?

B Nope. **Nature calls.**
아니. 볼일 좀 보고 올게.

❾ It's occupied!

사람 있어요!

언제? 화장실 안에 있는데 누가 문을 계속 노크할 때
아하~ occupied (방 등이) 사용 중인

A Is anybody in here?
안에 누구 있나요?

B **It's occupied!**
사람 있어요!

❿ The toilet won't flush.

변기 물이 안 내려가.

언제? 변기가 고장 나서 물이 안 내려갈 때
아하~ toilet 변기 | flush (변기의) 물이 쏟아지다, 내려가다
잠깐! The toilet is overflowing. 변기가 넘쳤어.
(overflow (물 등이) 넘치다)

A Wait, don't go in that booth. **The toilet won't flush.**
잠깐, 저쪽 칸은 들어가지 마세요. 변기 물이 안 내려가요.

B Oh! Thank you.
아! 고마워요.

Study090.mp3

❶ The house is a total mess!
집이 완전 난장판이네!

언제?	집이 심하게 어질러졌을 때
아하~	mess (지저분하고) 엉망인 상태

A What? **The house is a total mess!**
뭐야? 집이 완전 난장판이네!

B Sorry, I'll clean it all up by tomorrow.
미안, 내가 내일까지 다 치울게.

❷ Did you vacuum?
청소기 돌렸어?

언제?	진공청소기로 청소했는지 확인할 때
아하~	vacuum 진공청소기를 돌리다
잠깐!	'진공청소기'는 vacuum cleaner

A **Did you vacuum?**
청소기 돌렸어?

B Yes, why? Did I miss something?
응, 왜? 내가 빼먹은 데 있어?

❸ I'll wipe it with a wet rag.
걸레로 닦을게.

언제?	손걸레로 닦겠다고 할 때
아하~	wipe (걸레 등으로) 닦다 | rag (걸레, 행주 등으로 쓰이는) 해진 천

A I vacuumed, but the kitchen floor is still so dirty.
청소기를 돌렸는데도 부엌 바닥이 너무 더럽다.

B Really? Don't worry. **I'll wipe it with a wet rag.**
그래? 걱정 마. 내가 걸레로 닦을게.

❹ Take out the trash.
쓰레기 좀 내놔줘.

언제?	쓰레기봉투를 바깥에 내놓으라고 할 때
아하~	take out 내다버리다 | trash 쓰레기
잠깐!	Take out the garbage.라고 해도 된다.

A Are you going out to smoke? **Take out the trash** while you're at it.
담배 피우러 나갈 거지? 나가는 김에 쓰레기 좀 내놔줘.

B I quit smoking.
담배 끊었어.

❺ Separate the trash.
쓰레기를 분리수거 해.

언제?	쓰레기를 종류별로 분리해서 버리라고 할 때
아하~	separate 분리하다

A No, no. Not like that. **Separate the trash.**
아니야, 그렇게 말고. 쓰레기를 분리수거 해야지.

B Sorry. I'm new at this.
미안. 이런 거 처음이라서.

❻ Is this recyclable?
이거 재활용되나?

언제?	재활용 쓰레기인지 확인할 때
아하~	recyclable 재활용할 수 있는

A Excuse me, **is this recyclable?**
있잖아요, 이거 재활용되나요?

B Your beer can? Of course!
당신 맥주캔이요? 당연하죠!

❼ Let's do the laundry.
빨래하자.

언제?	세탁기를 돌려야 할 때
아하~	do the laundry 빨래하다 (laundry 빨래) (cf. washing machine 세탁기)
잠깐!	'다림질하다'는 do the ironing이라고 한다. (ironing 다림질)

A **Let's do the laundry.**
빨래하자.

B That's a bad idea. It's going to rain soon.
좋은 생각이 아닌 것 같아. 곧 비 온대.

❽ Fold the laundry.
빨래 좀 개.

언제?	다 마른 빨래를 개라고 할 때
아하~	fold (빨래를) 개다
잠깐!	hang out (빨래를) 널다 | take down (빨래를) 걷다

A Where are you going? **Fold the laundry.**
어딜 가? 빨래 좀 개.

B Hold on. I need a break.
잠깐만. 좀 쉬고.

❾ How do I get this stain out?
이 얼룩 어떻게 빠지?

언제?	옷에 얼룩이 졌을 때
아하~	get this stain out 이 얼룩을 빼다 (stain 얼룩)

A **How do I get this stain out?**
이 얼룩 어떻게 빠지?

B Oops, I don't think it will come out.
이런, 안 빠질 것 같은데.

❿ It shrank!
줄어버렸네!

언제?	세탁 후 옷이 작아졌을 때
아하~	shrink 줄어들다 (shrink - shrank - shrunk)

A Oh, no! **It shrank!**
잇! 줄어버렸네!

B The water must've been too hot!
물이 너무 뜨거웠나 보다!

▶ 〈모의고사 45회〉 정답입니다.

❶ It's well-seasoned.
간이 잘 맞아.

언제? 방금 만든 음식의 간을 보고
아하~ well-seasoned 양념이 잘된, 간이 잘 맞는
(cf. season 양념하다, 간하다 | seasoning 조미료)

A Can you taste this for me?
간 좀 봐줄래?

B Mmm. **It's well-seasoned.**
음. 간이 잘 맞네.

❷ This is best served chilled.
이건 차게 먹는 게 좋아.

언제? 차게 해서 먹어야 맛있는 요리일 때
직역 이것은 차갑게(chilled) 내가는(served) 게 제일 좋아.

A Isn't this dish too cold?
이 요리 너무 찬 거 아냐?

B No. **This is best served chilled.**
아니야. 이건 차게 먹는 게 좋아.

❸ Heat it in the microwave.
전자레인지에 데워.

언제? 식은 음식을 전자레인지에 데우라고 할 때
아하~ heat 데우다 | microwave 전자레인지
잠깐! Turn on the gas stove. 가스레인지 좀 켜줘.
(gas stove 가스레인지)

A The gas stove isn't working.
가스레인지가 고장 났어.

B **Heat it in the microwave** then.
그럼 전자레인지에 데워.

❹ I've burned it.
태워버렸어.

언제? 음식을 너무 오래 익혔을 때
아하~ burn 태우다 (burn - burned - burned)

A What's this smell? What happened to the lasagna?
이 냄새는 뭐야? 라자냐는 어떻게 됐어?

B Sorry. **I've burned it.**
미안해. 태워버렸어.

❺ I'll set the table.
내가 상을 차릴게.

언제? 식탁에 식기류를 놓을 때
아하~ set the table 상을 차리다

A **I'll set the table.**
내가 상을 차릴게.

B No, you don't! It's your birthday today. Just relax.
무슨 소리! 오늘은 자기 생일이잖아. 그냥 편하게 있어.

❻ Wipe the table with a dishcloth.
행주로 식탁 좀 닦아줘.

언제? 상 차리기 전에 식탁을 닦아달라고 할 때
아하~ wipe 닦다 | dishcloth 행주

A **Wipe the table with a dishcloth.**
행주로 식탁 좀 닦아줘.

B What, with this? Yuck!
뭐, 이걸로? 웩!

❼ Don't talk with your mouth full.
먹으면서 말하지 마.

언제? 음식을 씹으면서 말하는 사람에게
아하~ full 가득 찬
직역 입을 가득 채운 채 말하지 마.

A **Don't talk with your mouth full.**
먹으면서 말하지 마.

B Oops! Sorry. Did I get something in your soup?
이런! 미안. 네 수프에 뭐 들어갔니?

❽ Finish your food.
음식을 다 먹어야지.

언제? 음식을 남기려는 사람에게
아하~ finish (남기지 않고) ~을 다 먹다 (cf. leftovers 남은 음식)

A **Finish your food.**
음식을 다 먹어야지.

B But I'm about to throw up!
하지만 토가 나올 지경이에요!

❾ I'm finished.
저는 다 먹었어요.

언제? 배가 불러서 식사를 마치겠다고 할 때
아하~ be finished (여기까지 하고) 끝내다, 마치다

A **I'm finished.** May I be excused?
저는 다 먹었어요. 일어나도 될까요?

B Wait, what about dessert?
가만, 후식은 어째요?

＊May I be excused? 먼저 자리를 뜰 때 양해를 구하는 표현

❿ Eat your greens.
야채도 먹어야지.

언제? 고기나 밥만 먹으며 편식을 하는 아이에게
아하~ greens 채소, 야채

A **Eat your greens.** It's for your health.
야채도 먹어야지. 네 건강을 위해서.

B If that's the case, why do you smoke, Dad?
그렇다면 아빠는 왜 담배를 피워요?

❶ I live in a country house.
난 전원주택에 살아.

언제? 어떤 집에 사는지 알려줄 때
아하~ live in ~에서 살다 | country house 전원주택
잠깐! I live in an apartment. 난 아파트에 살아. | I live on the tenth floor. 저 10층에 살아요. (사는 층을 말할 때는 in이 아니라 on)

A I live in a country house.
   난 전원주택에 살아.
B Lucky you! I'm fed up with the city life.
   좋겠다! 난 도시생활이 지긋지긋해.

❷ I live in the suburbs of Seoul.
난 서울 근교에 살아.

언제? 서울 교외에서 살고 있을 때
아하~ suburbs of ~의 교외, 근교

A I live in the suburbs of Seoul.
   저는 서울 근교에 살아요.
B I see. So how do you commute to work?
   그렇군요. 그럼 통근은 어떻게 하시나요?
   *commute to work 직장까지 출퇴근하다

❸ The rent is reasonable.
월세가 적당해.

언제? 집의 월세가 합리적이라고 생각할 때
아하~ rent 월세 | reasonable (가격이) 적당한

A How do you like living here?
   여기 사는 거 어때?
B Well, the rent is reasonable. That's all I care about.
   뭐, 월세가 적당해. 그럼 됐지 뭐.
   *care about ~에 대해 신경 쓰다

❹ I just moved in.
막 이사 왔어요.

언제? 이사 온 지 얼마 안 됐을 때
아하~ move in 이사 (들어)오다
잠깐! move out 이사 (나)가다

A Hey! Why are you following me?
   이봐요! 왜 절 따라오시는 거죠?
B Oh, no. I'm your new neighbor. I just moved in.
   아, 아니에요. 새 이웃입니다. 막 이사 왔어요.

❺ I leave for work at 8 a.m.
오전 8시에 출근해.

언제? 평소 집에서 나오는 출근시간을 말할 때
아하~ leave for work 일터를 향해 떠나다 → 출근하다

A I leave for work at 8 a.m.
   오전 8시에 출근해요.
B You must live near work. It's 7 o'clock for me.
   회사가 집이랑 가까운 가 봐요. 저는 7시예요.

❻ I leave work exactly on time.
난 칼퇴근해.

언제? 평소 땡 하면 바로 퇴근한다고 할 때
아하~ leave work 일터를 떠나다 → 퇴근하다
   exactly on time 정확히 제시간에

A I leave work exactly on time every day.
   매일같이 난 칼퇴근해.
B Do you think that's wise?
   그게 과연 현명한 것일까?

❼ I prefer the subway to the bus.
버스보다 지하철이 더 좋아.

언제? 통근할 때 주로 이용하는 교통수단을 말할 때
아하~ prefer A to B B보다 A를 선호하다

A I prefer the subway to the bus.
   난 버스보다 지하철이 더 좋아.
B I prefer neither. That's why I drive to work.
   난 둘 다 별로야. 그래서 난 내 차로 출근하잖아.

❽ It takes 50 minutes to commute.
통근하는 데 50분 걸려.

언제? 집에서 회사까지 걸리는 시간을 말할 때
아하~ commute 통근하다
잠깐! 〈It takes + 소요시간 + to do〉는 어떤 일을 하는 데 걸리는 시간을 말할 때 애용되는 대표적인 패턴이다.

A It takes 50 minutes to commute.
   통근하는 데 50분 걸려.
B That's not so bad. I envy you.
   나쁘지 않군. 네가 부럽다.

❾ It's a 30-minute walk.
걸어서 30분이야.

언제? 회사까지 걸어서 걸리는 시간을 말할 때
아하~ a 30-minute walk 걸어서 30분 걸리는 거리
잠깐! It takes 30 minutes on foot. 걸어서 30분 걸려.
   It takes 30 minutes by bus. 버스로 30분 걸려.

A How long does it take on foot?
   걸어서 얼마나 걸려?
B Umm. It's a 30-minute walk.
   음. 걸어서 30분이야.

❿ I carpool to work.
나 카풀해서 출근해.

언제? 여러 명이 차 한 대로 함께 출근할 때
아하~ carpool 카풀하다
잠깐! I drive to work. 난 (내) 차로 출근해.

A I carpool to work.
   나 카풀해서 출근해.
B What a great idea! Can I join, too?
   멋진데! 나도 합류해도 돼?

▶ 〈모의고사 46회〉 정답입니다.

❶ Follow the GPS.

내비를 따라가.

언제? 운전 시 내비게이션을 따라가라고 할 때
아하~ GPS 내비게이션 (global positioning system의 약자)

A Where are we? Just **follow the GPS.**
여기가 어디야? 그냥 **내비를 따라가.**

B Don't you trust me?
나 못 믿는 거야?

❷ It's bumper to bumper.

교통체증이 심하네.

언제? 도로가 차들로 꽉 막혀 있을 때
아하~ bumper to bumper (차가) 꼬리에 꼬리를 문, 교통이 정체된

A Honey, I'll be late. **It's bumper to bumper** today.
여보, 나, 늦겠다. 오늘 **교통체증이 심하네.**

B You poor thing! Drive home safely.
힘들겠다! 운전 조심해서 와.

❸ Let's take a detour.

우회로를 타자.

언제? 좀 돌아가더라도 그게 더 빠를 것 같을 때
아하~ detour 우회로
잠깐! 특정 도로를 '이용하다, 타다'라고 할 때도 동사 take를 쓴다.

A **Let's take a detour.** There'll be less traffic.
우회로를 타자. 교통체증이 덜할 거야.

B I'll leave it up to you, honey.
자기한테 맡길게.

❹ We're getting on the highway.

고속도로 들어가고 있어.

언제? 국도에서 고속도로로 진입할 때
아하~ get on the highway 고속도로에 들어가다

A **We're getting on the highway.**
우린 고속도로 들어가고 있어.

B We're lost.
우린 헤매고 있어.

❺ Fasten your seatbelt.

안전벨트를 매.

언제? 안전벨트를 매라고 당부할 때
아하~ fasten one's seatbelt 안전벨트를 매다

A I see a patrol car! **Fasten your seatbelt** quickly.
순찰차가 보인다! 어서 **안전벨트를 매.**

B Dad, mine's broken.
아빠, 내 건 망가졌어요.

❻ Pop the trunk.

트렁크 좀 열어줘.

언제? 자동차 트렁크 좀 열어달라고 할 때
아하~ pop (팡 하고 터지듯이) 뚜껑을 열다

A **Pop the trunk.**
트렁크 좀 열어줘.

B You brought more beer? Great!
맥주 더 가져왔구나! 앗싸!

❼ I got a parking ticket.

주차 딱지를 떼였어.

언제? 주차금지구역에 주차한 바람에 딱지를 떼었을 때
아하~ parking ticket 주차 딱지 (cf. fine 벌금)

A Why are you late?
왜 늦었니?

B **I got a parking ticket.** I was double-parked.
주차 딱지를 떼였어. 이중주차했거든.

❽ Keep the engine running.

시동 끄지 말고 있어봐.

언제? 잠깐 볼일 보러 가면서 차 운전석에 있는 사람에게 하는 말
직역 엔진이 계속 돌아가게 둬.

A **Keep the engine running.** I'll be back soon.
시동 끄지 말고 있어봐. 금방 돌아올게.

B No, that's bad for the environment.
싫어. 그러면 환경에 안 좋아.

❾ I'd like to use valet parking.

대리주차 해주세요.

언제? 호텔 등에서 주차 요원에게 주차를 부탁할 때
아하~ valet parking (주차 요원이 손님의 차를 대신 주차해 주는) 발레파킹

A **I'd like to use valet parking.** Please be careful.
대리주차 해주세요. 조심히 다뤄 주시고요.

B Of course, ma'am.
물론이죠, 사모님.

❿ My car has been towed.

내 차가 견인됐어.

언제? 주차해 놓은 자동차가 견인됐을 때
아하~ tow 견인하다

A **My car has been towed.**
내 차가 견인됐어.

B No, I think it's been stolen!
아니야, 도난당한 것 같아!

*be stolen 도난당하다

❶ Fill'er up.
가득 채워 주세요.

언제? 주유소에서 기름을 가득 채울 때
아하~ fill'er up 자동차를 주유해서 가득 채우다
잠깐! 배나 자동차 등은 여성으로 취급해서 her을 사용하고, fill'er는
fill her를 줄인 표현이다.

A Excuse me! **Fill'er up**, please.
여기요! 가득 채워 주세요.
B Sir, this is a self-service gas station.
손님, 여긴 셀프 주유소입니다.

*gas station 주유소

❷ Just 50 dollars worth of gas.
기름 50달러어치만요.

언제? 딱 원하는 만큼만 주유하고 싶을 때
아하~ 가격 + worth of gas 기름 ~어치

A **Just 50 dollars worth of gas**, please.
기름 50달러 어치만요.
B Sir, you get 5% off if you spend 100 dollars.
손님, 100달러를 쓰면 5% 깎아드립니다.

❸ I have a flat tire.
타이어가 펑크 났어.

언제? 자동차 타이어의 바람이 빠졌을 때
아하~ flat tire 바람 빠진 타이어 (flat 납작한, 바람이 빠진)
잠깐! The rear view mirror is broken. 백미러가 깨졌어.
(rear view mirror 백미러)

A What should I do? **I have a flat tire.**
어쩌지? 타이어가 펑크 났어.
B Don't panic. Let's pull over slowly.
당황하지 마. 길가에 천천히 차를 세워봐.

*pull over 길가에 차를 세우다

❹ The engine oil is leaking.
엔진 오일이 새고 있어.

언제? 엔진 오일이 새는 것을 발견했을 때
아하~ leak (액체·기체가) 새다

A Oh, man. **The engine oil is leaking.**
저런. 엔진 오일이 새고 있어.
B Put out your cigarette now!
당장 담배 꺼!

*put out (불을) 끄다

❺ I had a black box installed.
블랙박스를 설치했어.

언제? 정비소에 가서 블랙박스를 달았을 때
아하~ have ~ installed (다른 사람을 시켜서) ~을 설치하다
직역 난 (정비소에) 블랙박스를 설치하게 맡겼어.

A **I had a black box installed.**
블랙박스를 설치했어.
B Great! I feel safe now.
다행이다! 이제 안심이 돼.

❻ It was a fender-bender.
접촉사고였어.

언제? 앞 차의 범퍼를 살짝 박았을 정도의 가벼운 사고일 때
아하~ fender-bender (자동차의) 가벼운 사고
잠깐! 자동차의 흙받기(fender)가 구부러졌을(bend) 정도의 가벼운 사고였
다는 의미

A Was it a serious car accident?
심각한 자동차 사고였니?
B No. **It was a fender-bender.**
아니. 접촉사고였어.

❼ It was a head-on collision.
정면충돌 사고였어.

언제? 차 두 대가 정면에 부딪힌 사고일 때
아하~ head-on 정면으로 부딪힌 | collision 충돌

A **It was a head-on collision.**
정면충돌 사고였어.
B Was anyone injured?
누구 다친 사람 있어?

❽ It was in my blind spot.
사각지대에 있었어요.

언제? 백미러로 보이지 않는 곳에 있었다고 할 때
아하~ blind spot 사각지대

A Why didn't you see the other car coming?
왜 다른 차가 오는 것을 못 봤어?
B **It was in my blind spot.** I couldn't help it.
사각지대에 있었어. 어쩔 수 없었어.

❾ I didn't drink and drive.
음주운전 안 했어.

언제? 술 먹고 운전하지 않았다고 항변할 때
아하~ drink and drive 음주운전하다

A **I didn't drink and drive.**
음주운전 안 했어요.
B Come on, blow into this.
어서 여기다 불어요.

❿ I was under the speed limit.
제한속도 안 넘었어.

언제? 과속한 게 아니라고 항변할 때
아하~ under the speed limit 제한속도 미만으로

A **I was under the speed limit.**
제한속도 안 넘었어.
B I know. It's your tail light. It's broken.
알아요. 후미등 때문에 그래요. 망가졌어요.

*tail light 후미등

▶〈모의고사 47회〉 정답입니다.

❶ Did you save your file?
파일 저장했니?

언제? 파일 날아가는 낭패를 피하도록 할 때
아하~ save (파일을)저장하다

A Yes! My report is finished. Let's go out for a drink.
만세! 리포트 다했다. 한잔하러 가자.

B **Did you save your file?**
파일 저장했니?

❷ I accidentally deleted the file.
실수로 파일을 지웠어.

언제? 잘못해서 파일을 삭제했을 때
아하~ accidentally 실수로 | delete 지우다

A Why did you scream?
비명 왜 질렀어?

B Oh, my God. **I accidentally deleted the file.**
맙소사. 실수로 파일을 지웠어.

❸ I can recover the file.
파일을 복구할 수 있어.

언제? 삭제된 파일을 되살려야 할 때
아하~ recover 복구하다

A Stop crying. **I can recover the file.**
그만 좀 울어. 파일을 복구할 수 있어.

B I must have been drunk.
내가 취했었나 봐.

❹ Did you backup this file?
백업파일은 만들어놨어?

언제? 만일을 대비해 파일을 복사해 놓으라고 할 때
아하~ backup (만일을 대비해 파일 등을 복사해서) 백업하다

A **Did you backup this file?**
백업파일은 만들어놨어?

B Of course. I always make three of them.
물론이지. 항상 세 개를 만들어놔.

❺ Can you print this out for me?
이것 좀 프린트해 줄래?

언제? 작업한 것을 인쇄해 달라고 할 때
아하~ print (out) 인쇄하다, 프린트하다
잠깐! Can you print this in color? 칼라로 프린트해 줄래?
(print in color 칼라로 프린트하다)

A **Can you print this out for me?**
이것 좀 프린트해 줄래?

B Sure. How many copies do you need?
물론이지. 몇 장 필요해?

❻ The copy machine is out of order. 복사기가 고장 났어.

언제? 복사기가 작동이 안 될 때
아하~ copy machine 복사기 (= copier) | out of order 고장 난

A Why haven't you started the meeting?
왜 회의를 시작 안 했어?

B **The copy machine is out of order.**
복사기가 고장 났어.

❼ The paper is jammed.
종이가 껴어.

언제? 복사기에 복사용지가 껴었을 때
아하~ jammed (막히거나 걸려서) 꼼짝도 하지 않는

A Why are you shouting at the copier?
왜 복사기에 대고 소리 지르고 난리야?

B **The paper is jammed.** I think it's doing it on purpose.
종이가 껴어. 기계가 일부러 그러는 것 같아.

＊on purpose 고의로, 일부러

❽ My computer froze.
내 컴퓨터가 맛이 갔어.

언제? 컴퓨터가 갑자기 멈춰 작동이 안 될 때
아하~ freeze (컴퓨터가 얼어붙은 것처럼) 멈춰 있다
(freeze - froze - frozen)

A Harry, what's up? It's 1 a.m.
해리, 무슨 일이야? 새벽 1시잖아.

B Help me, man. **My computer froze.**
나 좀 도와줘. 내 컴퓨터가 맛이 갔어.

❾ My computer is lagging.
내 컴퓨터가 렉 걸렸어.

언제? 컴퓨터 속도가 답답할 만큼 느려졌을 때
아하~ lag 뒤떨어지다, 꾸물거리다

A Oh, no! **My computer is lagging.**
이런! 내 컴퓨터가 렉 걸렸어.

B If you're in a hurry, use mine.
급한 거라면 내 컴퓨터를 써.

❿ My computer has a virus.
내 컴퓨터가 바이러스 먹었어.

언제? 컴퓨터가 바이러스 먹어서 갑자기 이상해졌을 때
아하~ have a virus 바이러스에 걸리다
잠깐! I need to debug my computer. 바이러스를 제거해야겠어.
(debug (컴퓨터 프로그램에서) 바이러스를 검출하여 제거하다)

A What are all those pictures on your monitor?
네 컴퓨터 화면에 저 사진들은 다 뭐야?

B It's not what you think! **My computer has a virus.**
생각하는 그런 거 아냐! 내 컴퓨터가 바이러스 먹어서 그래.

① I googled it.

인터넷으로 검색해봤어.

언제? 구글 등 인터넷으로 정보를 검색했을 때
아하~ google 인터넷으로 검색하다 (회사명 Google에서 유래)

A How do you know so much about my past?
내 과거에 대해 어떻게 이렇게 잘 알아?

B **I googled it.**
인터넷으로 검색해봤지.

② I surfed the Internet.

인터넷 서핑했어.

언제? 인터넷 사이트 여기저기를 돌아다녔을 때
아하~ surf the Internet 인터넷 서핑하다
잠깐! Internet 앞에는 정관사 the를 붙여 쓴다.

A What did you do all day?
오늘 하루 종일 뭐 했니?

B **I surfed the Internet.** My eyes are sore.
인터넷 서핑했어. 눈이 아프다.

③ The Internet connection is slow.

인터넷 속도가 느려.

언제? 인터넷의 연결 속도가 느릴 때
아하~ connection 접속, 연결

A Have you looked it up? What's taking you so long?
찾아 봤니? 왜 이리 오래 걸려?

B Sorry! **The Internet connection is slow.**
미안! 인터넷 속도가 느리네.

④ I'm getting lots of hits.

조회 수가 높아.

언제? 내가 쓴 글의 조회 수가 높을 때
아하~ hit 조회 수

A How's your blog coming along?
블로그는 잘되고 있니?

B Great! **I'm getting lots of hits.**
아주 좋아! 조회 수가 높아.

⑤ I'm getting lots of comments.

댓글이 많이 달렸어.

언제? 내가 올린 글에 댓글이 많을 때
아하~ comment 댓글

A Look. **I'm getting lots of comments.**
이것 좀 봐. 댓글이 많이 달렸어.

B Wow, there must be several hundred.
우와, 수백 개는 되겠다.

⑥ Just ignore the hate comments.

악플은 그냥 무시해.

언제? 악의적인 댓글을 보고 속상해하는 사람에게
아하~ ignore 무시하다 | hate comment 악플

A How can people write comments like these?
어떻게 이런 식으로 댓글을 달 수 있지?

B There, there. Calm down. **Just ignore the hate comments.**
자, 자, 진정해. 악플은 그냥 무시해.

⑦ That's a paid item.

그거 유료 아이템이야.

언제? 게임 아이템을 사용하려면 돈을 내야 할 때
아하~ paid 돈이 지불되는

A Use that magic sword to kill the monster!
저 마법의 칼을 사용해 괴물을 죽여!

B **That's a paid item.** Will you buy it for me?
그거 유료 아이템이야. 좀 사줄래?

⑧ I cleared the level.

이 레벨을 깼어.

언제? 게임의 레벨을 통과했을 때
아하~ clear (레벨을) 뛰어넘다, 통과하다

A Yes! **I cleared the level** finally!
아자! 드디어 이 레벨을 깼어!

B Good for you! Hey, can I take over from now on?
잘했어! 저기, 이제부터는 내가 해보면 안 될까?

*take over 인계받다

⑨ I've been hacked.

나 해킹당했어.

언제? 사이버 상에서 해킹을 당했을 때
아하~ be hacked 해킹당하다

A **I've been hacked.** Should I call the police?
나 해킹당했어. 경찰에 신고할까?

B Yes, contact the Cyber Crime Unit.
그래, 사이버 범죄 수사대에 연락해봐.

⑩ Reset your password regularly.

주기적으로 비밀번호를 다시 설정해.

언제? 해킹 당하지 않게 비밀번호를 주기적으로 바꾸라고 할 때
아하~ reset 다시 설정하다 | regularly 주기적으로

A **Reset your password regularly** from now on.
이제부터 주기적으로 비밀번호를 다시 설정해.

B It's locking the stable door after the horse is stolen.
소 잃고 외양간 고치는 격이군.

*stable 외양간, 마구간

❶ We're a double-income couple.
우린 맞벌이야.

언제? 부부가 모두 수입이 있을 때
아하~ double/dual-income couple 맞벌이
잠깐! homemaker 전업주부 (남녀 구분 없이 쓰임)

A Do you and your husband both work?
너와 너희 남편 모두 일하니?

B Yes. **We're a double-income couple.**
응. 우린 맞벌이야.

❷ She's rolling in money.
걔 돈방석에 앉았어.

언제? 사업 성공 등으로 큰돈을 벌었을 때
잠깐! 돈더미 속에서 굴러다닐 만큼 돈이 많다는 뉘앙스

A How's your cousin Linda doing?
네 사촌 린다는 잘 지내니?

B Oh, man! **She's rolling in money.** Her company went public.
이야! 걔 돈방석에 앉았어. 걔 회사가 주식을 상장했거든.

*go public (기업이) 주식을 상장하다

❸ He hit the jackpot.
걔는 대박을 터뜨렸어.

언제? 주식·투자 등으로 갑자기 큰돈을 벌었을 때
아하~ hit the jackpot 대박을 터뜨리다

A I heard Changsik is investing in stocks?
듣기론 창식이가 주식을 한다며?

B **He hit the jackpot!**
걔 대박 터뜨렸어!

❹ I'm flat broke.
난 빈털터리 신세야.

언제? 사업 실패 등으로 돈이 바닥났을 때
아하~ flat broke 완전히 거덜 난, 파산 상태인
잠깐! I blew my money on funds. 펀드로 돈을 날렸어.
(blow one's money 돈을 날리다)

A **I'm flat broke.** Linda, can you lend me some money?
난 빈털터리 신세야. 린다, 돈 좀 빌려줄래?

B I'm sorry to hear that. How much do you need?
그것 참 안됐구나. 얼마나 필요한데?

❺ I'm not doing well moneywise.
주머니 사정이 안 좋아.

언제? 벌이가 신통치 않을 때
아하~ moneywise 돈에 관련하여

A Krista, will you invest in my start-up company?
크리스타, 내가 차린 신생회사에 투자 좀 할래?

B Sorry, **I'm not doing well moneywise.**
미안. 주머니 사정이 안 좋아.

*start-up 신규업체 (특히 인터넷 기업)

❻ She's thrifty.
걔는 알뜰해.

언제? 돈을 절약하는 사람을 두고 말할 때
아하~ thrifty 절약하는, 알뜰한

A What kind of person is she?
그 여자는 어떤 사람인가요?

B **She's thrifty.** She has ten savings accounts.
걔는 알뜰해. 저축통장을 열 개 가지고 있어.

❼ She spends money like water.
걔는 씀씀이가 헤퍼.

언제? 돈을 물 쓰듯이 쓰는 사람을 두고 말할 때
잠깐! 돈을 동네방네 뿌리고 다닌다는 어감의 She throws money around.도 같은 의미이다.

A It's not a wise idea to marry Monica. **She spends money like water.**
모니카와 결혼하는 건 현명치 않아. 걔는 씀씀이가 헤프거든.

B You should have told me earlier.
진작 좀 말해주지.

❽ He's a penny pincher.
걔는 너무 짜.

언제? 돈 쓰는 데 지나치게 인색한 사람을 두고 말할 때
아하~ penny pincher (돈 한 푼에도 벌벌 떠는) 구두쇠, 깍쟁이

A **He's a penny pincher.**
걔는 너무 짜.

B I agree. He never buys you lunch.
맞아. 절대로 밥을 안 사더라고.

❾ We need to tighten our belts.
우리 허리띠를 졸라매야겠다.

언제? 가계사정이 안 좋아 최대한 아껴야 할 때
아하~ tighten one's belt 허리띠를 졸라매다

A I got fired from work and you're still out of work.
난 직장에서 해고됐고 넌 아직 백수잖아.

B I know. **We need to tighten our belts.**
그러게. 우리 허리띠를 졸라매야겠다.

❿ I'm out of pocket money.
용돈이 떨어졌어.

언제? 용돈을 다 써버렸을 때
아하~ out of ~이 바닥난, 떨어진 | pocket money 용돈
잠깐! I broke open my piggy bank. 돼지 저금통을 깼어.
(break open 부수고 열다 | piggy bank 돼지 저금통)

A Dad, **I'm out of pocket money.**
아빠, 용돈이 떨어졌어요.

B I can't give you as much as last time.
저번만큼은 못 주겠구나.

❶ I opened up an account.
통장을 만들었어.

언제? 은행에서 계좌를 개설했을 때
야하~ open (up) an account 통장을 만들다, 계좌를 개설하다

A **I opened up an account.**
   나 통장을 만들었어.
B Good for you! Oh, yeah. What about life insurance?
   잘했어! 참, 생명보험은 들었니?

*life insurance 생명보험

❷ I opened an installment savings account. 적금을 들었어.

언제? 적금에 새로 가입했을 때
야하~ installment savings account 적금

A **I opened an installment savings account** recently.
   최근에 나 적금을 들었어.
B I see. When will it mature?
   그렇군. 언제가 만기이니?

*mature (적금·보험 등이) 만기가 되다

❸ I've made a withdrawal.
돈을 인출했어.

언제? 은행에서 돈을 찾았을 때
야하~ make a withdrawal (돈을) 인출하다
잠깐! I've made a deposit. 예금을 했어.
(make a deposit 예금하다)

A Darling, why is our bank account empty?
   자기야, 왜 우리 은행계좌가 비어 있지?
B **I've made a withdrawal.**
   내가 돈을 인출했어.

❹ I transferred the money.
돈을 이체했어.

언제? 인터넷 뱅킹 등으로 돈을 송금했을 때
야하~ transfer (돈을) 이체하다

A **I transferred the money** to you an hour ago.
   한 시간 전에 너한테 돈을 이체했어.
B What? I haven't received it yet.
   뭐? 아직 못 받았는데.

❺ I took out a loan.
대출을 받았어.

언제? 은행에서 대출을 받았을 때
야하~ take out a loan 대출하다

A I'm setting up my own shop. So **I took out a loan.**
   내 가게를 열려고 해. 그래서 대출을 받았어.
B How much is the loan?
   얼마나 받았는데?

❻ I need to use the ATM.
현금인출기 좀 써야겠어.

언제? 현금이 모자라서 ATM을 찾을 때
야하~ ATM 현금인출기 (automated teller machine의 약자)

A I need more cash. **I need to use the ATM.**
   현금이 모자라네. 현금인출기 좀 써야겠어.
B No, no. If that's the case, I'll pay.
   아니야. 그렇다면 내가 돈 낼게.

❼ I'd like to withdraw some money. 돈을 좀 인출하고 싶어요.

언제? 은행 창구에서 돈을 인출할 때
야하~ withdraw (계좌에서 돈을) 인출하다

A Excuse me. **I'd like to withdraw some money.**
   저기요. 돈을 좀 인출하고 싶은데요.
B Yes, sir. Just a moment, please.
   네, 고객님. 잠시만 기다려 주십시오.

❽ I'm overdrawn.
잔액이 부족해.

언제? 통장에 돈이 원하는 만큼 남아 있지 않을 때
야하~ overdrawn (계좌에서 돈을) 초과 인출한

A So, did you get the money from the bank?
   그래, 은행에서 돈을 찾았니?
B I couldn't. **I'm overdrawn.** What happened to my ten thousand dollars?
   못 찾았어. 잔액이 부족하네. 내 만 달러가 어디로 간 거야?

❾ My credit card maxed out.
내 카드가 한도 초과야.

언제? 신용카드 사용액이 한도를 넘었을 때
야하~ max out 최대한도에 이르다
잠깐! My credit card has expired. 내 신용카드가 만기됐어.
(expire 만기되다)

A Oops. **My credit card maxed out.**
   이런. 내 카드가 한도 초과야.
B So what do you expect me to do about it?
   그래서 나보고 어쩌라고?

❿ Break this into 5-dollar bills.
이걸 5달러짜리로 바꿔줘.

언제? 돈을 특정 단위로 바꿔달라고 할 때
야하~ break (돈을) 바꾸다
잠깐! Can you break this hundred-dollar bill? 이 100달러 지폐 좀 바꿔줄래? (bill 지폐)

A **Break this into 5-dollar bills.**
   이걸 5달러짜리로 바꿔줘.
B Sorry, I need them myself.
   미안해. 나도 5달러가 필요해서 말이야.

Study099.mp3

❶ There are four of us.
전부 네 명이야.

언제? 가족이 몇 명이냐는 질문에 대답할 때
잠깐! I live by myself. 나 혼자 살아. (by myself 나 혼자)

A How many members are there in your family?
가족이 모두 몇 명이야?
B **There are four of us.**
전부 네 명이야.

❷ I support my family.
난 가족을 부양하고 있어.

언제? 돈을 벌며 가장 역할을 할 때
아하~ support 부양하다

A Does your husband earn a lot of money?
네 남편은 돈을 잘 버니?
B **I support my family.**
내가 가족을 부양하고 있어.

❸ My grandmother passed away.
할머니가 돌아가셨어.

언제? 가족이나 친척분이 돌아가셨을 때
아하~ pass away 돌아가시다 (die라는 말을 피하기 위해 사용)

A I can't come to your party. **My grandmother passed away.**
파티에 참석 못하게 됐어. 할머니가 돌아가셨어.
B Oh, dear! When is the funeral?
저런! 장례식은 언제니?

❹ I have a companion dog.
반려견이 있어.

언제? 가족처럼 함께 지내는 개를 소개할 때
아하~ companion dog 반려견 (companion 동반자, 마음 맞는 친구)

A Do you have any kids?
자녀들은 있나요?
B No, but **I have a companion dog.**
아니요, 대신 반려견이 있어요.

❺ I want to start a family.
가정을 꾸리고 싶어.

언제? 결혼해서 자식을 낳아 가정을 이루고 싶을 때
아하~ start a family 가정을 꾸리다
잠깐! I want to do ~(~하고 싶어)는 하고 싶은 것을 말할 때 애용되는 대표적인 패턴이다.

A What is your New Year's wish?
네 새해 소망은 뭐니?
B Actually, **I want to start a family.**
실은 말이야, 가정을 꾸리고 싶어.

❻ I'm an only daughter.
난 외동딸이야.

언제? 형제가 없다고 할 때
아하~ only daughter 외동딸
잠깐! 아들, 딸 관계없이 그냥 '외동'이라 할 때는 only child라고 하면 된다.

A How many brothers and sisters do you have?
형제자매는 몇 명이야?
B **I'm an only daughter.** Does it show?
난 외동딸이야. 티가 나니?

❼ I'm the youngest of two.
난 두 명 중 막내야.

언제? 형제가 몇 명이고 내가 몇 째인지를 말할 때
아하~ the youngest (형제 중) 가장 나이 어린
잠깐! I'm the eldest son. 난 맏아들이야.
(the eldest (형제 중) 가장 나이 많은)

A **I'm the youngest of two.**
난 두 명 중 막내야.
B Really? I thought you were an only child.
정말? 난 네가 외동인 줄 알았지.

❽ We're spaced 2 years apart.
우린 두 살 터울이야.

언제? 형제와 몇 살 차이인지 말할 때
아하~ be spaced ~ years apart ~년의 간격이 있다

A That's my older brother. **We're spaced 2 years apart.**
저 사람이 우리 형이야. 우린 두 살 터울이야.
B Really? I thought he was your Dad.
정말? 너희 아빠인 줄 알았어.

❾ We're identical twins.
우린 일란성 쌍둥이야.

언제? 얼굴이 똑같은 일란성 쌍둥이일 때
아하~ identical twins 일란성 쌍둥이
잠깐! fraternal/biovular twins 이란성 쌍둥이

A **We're identical twins.**
우린 일란성 쌍둥이야.
B No need to tell me that.
말 안 해도 알겠네.

❿ I get along well with my siblings.
난 형제들과 잘 지내.

언제? 형제들과 사이가 좋을 때
아하~ get along well with ~와 잘 지내다 | sibling 형제자매

A Tell me about your family.
너희 가족에 대해 말해줘.
B Well, **I get along well with my siblings**, and...
어디 보자, 난 형제들과 잘 지내, 그리고…

❶ My wife is expecting.

아내가 임신했어.

언제? 아내의 임신 소식을 알릴 때
잠깐! 아기를 기다리고(expect) 있다는 의미로 자주 쓰이는 표현이다. 직접적인 표현은 My wife is pregnant.

A Why are you buying me beer?
왜 나한테 맥주를 사는데?

B **My wife is expecting.** I'm going to be a dad!
아내가 임신했어. 나 아빠가 된다고!

❷ I have terrible morning sickness.

입덧이 심해.

언제? 임신으로 인한 입덧으로 힘들 때
아하~ morning sickness 입덧
(임신 초기에 흔히 오전에 입덧을 하는 데서 유래)

A **I have terrible morning sickness** lately.
요즘 입덧이 심해.

B Oh, dear. Hang in there.
저런, 조금만 참아라.

＊Hang in there. 힘들지만 좀 더 버티고 견뎌보라며 독려/위로할 때 쓰는 표현

❸ My belly is getting bigger.

배가 점점 나오고 있어.

언제? 임신해서 배가 점점 불러올 때
아하~ belly 배
잠깐! I can feel the baby kicking. 아기가 발로 차는 게 느껴져.

A Look at me. **My belly is getting bigger.**
나 좀 봐. 배가 점점 나오고 있어.

B You look lovely, dear.
사랑스러워, 자기야.

❹ The baby is due next month.

다음 달이 출산이야.

언제? 출산 예정일을 알려줄 때
아하~ due (출산) 예정인

A **The baby is due next month.**
다음 달이 출산이야.

B I see! Tell me if you need any help.
그렇구나! 뭐든 도움이 필요하면 얘기해.

❺ I had a natural birth.

자연분만했어.

언제? 제왕절개를 하지 않고 분만했을 때
아하~ natural birth 자연분만
잠깐! I had a C-section. 제왕절개했어. (C-section 제왕절개)

A Did you have a C-section?
제왕절개했니?

B No. **I had a natural birth.**
아니. 자연분만했어.

❻ I'm married with two children.

저는 결혼했고 아이가 둘이에요.

언제? 결혼 여부와 자녀 수를 동시에 말할 때
직역 나는 두 명의 아이들을 가진 결혼한 상태이다.

A Tell me about yourself, Mr. MacDonald.
자기소개 좀 부탁해요, 맥도널드 씨.

B Sure. **I'm married with two children.**
네. 저는 결혼했고 아이가 둘이에요.

❼ He's a carbon copy of his dad.

쟤는 아빠랑 붕어빵이야.

언제? 아이가 아빠를 많이 닮았을 때
아하~ a carbon copy of ~와 똑 닮은 사람
(원래 carbon copy 는 '복사본'의 의미)

A Look at him! **He's a carbon copy of his dad.**
쟤 좀 봐! 아빠랑 붕어빵이야.

B Oh, he's so cute!
어머, 너무 귀엽다!

❽ My son is the apple of my eye.

우리 아들은 눈에 넣어도 안 아파.

언제? 자식이 너무나 사랑스러울 때
아하~ the apple of one's eye 눈에 넣어도 안 아픈 존재, ~가 가장 사랑하는 사람

A **My son is the apple of my eye.**
우리 아들은 눈에 넣어도 안 아파.

B I can tell. You must be happy.
그런 것 같더라. 행복하겠다.

❾ It runs in the family.

그건 우리 집 내력이야.

언제? 신체 특징이나 성격을 물려받았을 때
아하~ run in the family 집안 내력이다

A Your sister and you are both left-handed?
누나랑 너는 둘 다 왼손잡이네?

B **It runs in the family.**
그건 우리 집 내력이야.

＊left-handed 왼손잡이의

❿ I'm strict with my children.

나는 아이들에게 엄격해.

언제? 자식을 엄하게 교육시키는 스타일일 때
아하~ be strict with ~에게 엄격하다

A James is very well-mannered, Mrs. Benson.
제임스는 아주 예의가 바르더군요, 벤슨 부인.

B Oh, good. It's because **I'm strict with my children.**
다행이네요. 제가 아이들에게 엄격해서 그래요.

＊well-mannered 예의 바른

객관식으로 끝내는
초단기
영어회화 완성 코스

네이티브
영어회화
1000제

영어회화 암기장

김재헌 지음

길벗
이지:톡